电磁频谱战科普系列丛书

光电对抗
矛与盾的生死较量

吴卓昆　王大鹏　著

国防工业出版社

·北京·

内 容 简 介

光电对抗是电子对抗的重要组成部分,是电磁频谱控制在光波段的延展,是信息化战争的重要内容。光电对抗以光电精确制导武器和光电侦察系统为作战对象,利用各种光电设备和器材,使敌方的光电武器性能削弱、降低,甚至丧失功能,达到保护己方的目的。

本书适合作为部队各级指战人员、装备研究人员的军事科普读物,也可为相关科研技术人员提供技术参考,并适合军事爱好者和广大喜欢军事的青少年阅读和收藏。

图书在版编目(CIP)数据

光电对抗:矛与盾的生死较量 / 吴卓昆,王大鹏著. —北京:国防工业出版社,2023.7
(电磁频谱战科普系列丛书)
ISBN 987–7–118–13027–0

Ⅰ.①光… Ⅱ.①吴… ②王… Ⅲ.①光电对抗 Ⅳ.① E866

中国国家版本馆 CIP 数据核字(2023)第 112348 号

※

国防工业出版社出版发行
(北京市海淀区紫竹院南路 23 号 邮政编码 100048)
雅迪云印(天津)科技有限公司印刷
新华书店经售
*
开本 710×1000 1/16 印张 22¼ 字数 324 千字
2023 年 7 月第 1 版第 1 次印刷 印数 1—5000 册 定价 90.00 元

(本书如有印装错误,我社负责调换)

国防书店:(010)88540777   书店传真:(010)88540776
发行业务:(010)88540717   发行传真:(010)88540762

编审委员会

主　　　任　王沙飞
常务副主任　杨　健　欧阳黎明
顾　　　问　包为民　吕跃广　杨小牛　樊邦奎　孙　聪
　　　　　　刘永坚　范国滨　苏东林　罗先刚
委　　　员　（以姓氏笔画排序）
　　　　　　王大鹏　朱　松　刘玉超　吴卓昆　张春磊
　　　　　　罗广成　徐　辉　郭兰图　蔡亚梅
总　策　划　王京涛　张冬晔

编辑委员会

主　　　编　杨　健
副　主　编　（以姓氏笔画排序）
　　　　　　朱　松　吴卓昆　张春磊　罗广成　郭兰图
　　　　　　蔡亚梅
委　　　员　（以姓氏笔画排序）
　　　　　　丁　凡　丁　宁　王　凡　王　瑞　王一星
　　　　　　王天义　方　旖　邢伟宁　全寿文　许鲁彦
　　　　　　牟伟清　李雨倩　严　牧　肖德政　张　琳
　　　　　　张江明　张树森　陈柱文　单中尧　秦　臻
　　　　　　黄金美　葛云露

丛书序

在现代军事科技的不断推动下,各类电子信息装备数量呈指数级攀升,分布在陆海空天网等不同域中。如何有效削弱军用电子信息装备的作战效能,已成为决定战争胜负的关键,一方面我们需要让敌方武器装备"通不了、看不见、打不准",另一方面还要让己方武器装备"用频规范有序、行动高效顺畅、效能有效发挥",这些行动贯穿于战争始终、决定战争胜负。在这一点上,西方军事强国与学术界都有清晰的认识。

电磁频谱是无界的,一台电子干扰机发射干扰敌人的电磁波,影响敌人的同时也会影响我们自己,在有限的战场空间中如果出现众多的电子干扰机、雷达、电台、导航等设备,不进行有效管理肯定会出乱子。因此,未来战争中,需要具备有效管理电磁域的能力,才能更加有效的发挥电磁攻击的效能,更好地满足跨域联合的体系作战要求。

在我们策划这套丛书的过程中,为丛书命名是一大难题,美军近几十年来曾使用或建议过以"电子战""电磁战""电磁频谱战""电磁频谱作战"等名称命名过这个"看不见、摸不着"的作战域。虽然在美国国防部在2020年发布的《JP 3-85:联合电磁频谱作战》明确提出用"电磁战"代替原"电子战"的定义,而我们考虑在本套丛书中只介绍"利用电磁能和定向能来控制电磁频谱或攻击敌人的军事行动。"是不全面的,也限制了本套丛书的外延。

因此，我们以美国战略与预算评估中心发布的《电波制胜：重拾美国在电磁频谱领域的主宰地位》中提出的"电磁频谱战"的概念命名，这样一方面更能体现电子战的发展趋势，另一方面也能最大程度的拓宽本套丛书的外延，在电磁频谱领域的所有作战行动都是本套丛书讨论的范围。

本系列丛书共策划了 6 个分册，包括《电磁频谱管理：无形世界的守护者》《网络化协同电子战：电磁频谱战体系破击的基石》《光电对抗：矛与盾的生死较量》《电子战飞机：在天空飞翔，在电磁空间战斗》《电子战无人机：翱翔蓝天的孤勇者》《太空战：战略制高点之争》。丛书具有以下几个特点：①内容全面——对当前电磁频谱作战领域涉及的前沿技术发展、实际战例、典型装备、频谱管理、网络协同等方面进行了全面介绍，并且从作战应用的角度对这些技术方法进行了再诠释，帮助读者快速掌握电子战领域核心问题概念与最新进展，形成基本认知储备。②图文并茂——每个分册以图文形式描述了现代及未来战争中已经及可能出现的各种武器装备，每个分册图书内容各有侧重点，读者可以相互印证的全面了解现代电磁频谱技术。③浅显易懂——在追求编写内容严谨、科学的前提下，抛开电磁频谱领域复杂的技术实现过程，与领域内出版的各种教材、专著不同，丛书的内容不需要太高的物理及数学功底，初中文化水平即可轻松阅读，同时各个分册都更具内容设计了一个更贴近大众视角的、更生动形象的副书名。

电磁频谱战作为我军信息化条件下威慑和实战能力的重要标志之一，虽路途遥远，行则将至，同仁须共同努力。为便于国内相关单位以及军事技术爱好者、初学者及时掌握电磁频谱战新理论和该领域最新研究成果，我们出版了此套系列图书。本书对我们了解掌握国际电磁频谱战的研究现状，深刻认识当今电磁域的属性与功能作用，重新审视电磁斗争的本质、共用和运用方式，确立正确的战场电磁观，具有正本清源的意义，也是全军开展电磁空间作战理论、技术和应用研究的重要牵引与支撑，对于构建我军电磁频谱作战理论研究体系具有重要的参考价值。

也希望本套丛书的出版能使全民都能增强电磁频谱安全防护意识，让民众深刻意识到，电磁频谱空间安全是我们各行各业都应重点关注的焦点。

2022 年 12 月

前　言

纵观人类战争史，大致经历了四种战争形态：冷兵器战争、热兵器战争、机械化战争和信息化战争。冷兵器战争，尖矛利盾、短兵相接，尖矛利盾是战争中常见的兵器；热兵器战争，枪械火药、榴弹大炮，火药成为克敌制胜的军事武器；机械化战争，坦克装甲、飞机军舰，通过机械平台搭载武器实现平面或立体化作战，武器装备的打击力、机动力、投送力扩宽了战争的形态；信息化战争，以信息技术为主导的武器装备系统，基于信息系统的体系对抗作战能力成为战争的制胜因素，随着人工智能、大数据、元宇宙的出现，现代战争正发生着重大变化，而"兵者，国之大事，死生之地，存亡之道，不可不察"。

古代战争，矛是最尖利的进攻武器，盾是最有效的防护装备。现代战争，光电精确制导武器作为现代的"矛"，成为战场中最具杀伤力的武器装备，光电对抗装备作为现代的"盾"，成为战场中自卫防护、存续生命、克敌制胜的关键。

光电对抗是敌对双方在光波段的抗争，是敌对双方在光波段（紫外、可见光、红外波段）范围内，为削弱、破坏或摧毁敌方光电侦察装备和光电制导武器的作战效能，并保证己方光电装备及制导武器作战效能的正常发挥而采取的战术技术行动。

光电对抗的真正起点应该从对付光电精确制导导弹算

起。为对付红外制导，20世纪60年代出现了红外诱饵弹和红外干扰机；20世纪70年代，电视制导、激光制导催生了激光告警、激光欺骗干扰；紫外探测技术的发展，使得紫外告警大批量装备飞机平台；红外探测器件的进步，使得红外侦察、红外预警和红外告警装备各型车载、机载、舰载平台；激光技术的进步更带来了激光干扰、激光压制、激光致眩、甚至激光武器。光电技术的迅猛发展，极大促进了光电对抗技术的发展和光电对抗装备的完善，成为电子对抗的主要力量，也是军事现代化的一个重要标志。

"魔高一尺，道高一丈"。如何能够有效对抗激光、红外制导武器，需要从制导的机理出发，对制导武器进行深入研究，找出其薄弱环节，从目标特性到光电系统，再到精确制导算法，深度发掘所有可能的制服手段，方法手段从遮蔽、欺骗、干扰、压制、致眩、致盲、损伤、毁伤，甚至直接拦截，而这需要作战理论、技术方法、作战装备的深入结合。

料敌先机，克敌制胜。无论光电技术如何走向、装备样式如何变化、战争形态如何发展，战争制胜的机理不会变化，对战争制胜因素的追求不会改变。概括起来就是：看得远、看得准，先敌发现、先敌打击，仍然是制胜的关键和前提；对战场的态势感知、侦察能力、通信指挥、信息和决策优势仍将是永远的追求；打得远、打得快、打得准、打得狠，仍然是有效压制敌人的重器；对武器装备的速度、精确制导、弹药威力和战略投送能力的提升，是永恒的目标。

抢占制高点是一种制胜诀窍，战略上的优势靠压倒性的实力，战术上的胜负很大程度上取决于出其不意。光电对抗，追求的是出其不意，追求的是战略优势。因此，也一如既往呼唤新思想、新技术。作为一种军事斗争手段，光电对抗的命运注定是永无停歇的竞争。更何况，光电对抗与光电威胁系出同门、一脉相承，谁走得快，谁就能在战术上占得先机。"大科学"时代，各门学科技术的相互碰撞、融合，激发出诸多新的概念、新的应用、新的可能：超光谱、太赫兹、光学相控阵、量子光学、高能激光、人工智能、大数据、云计算等，都能使战争中形式战略、战术优势成为可能。

从近几次局部战争可以看出，现代战争形态由过去的歼灭战、消耗战，向以打击对方军事体系核心为主要目标的"体系对抗"转变。作战方式的转变，对战场电子对抗体系作战效能提出了新的、更高的要求。在信息化联合作战背景下，电子对抗体系结构必须摆脱单一功能和单一平台的状态，必须将光电对抗与微波对抗深入融合，光波频谱与微波频谱无缝衔接，作战样式与作战使用协调统一，构成多频段、多维度的有机整体，才能在进攻或防御作战中达到效能倍增的效果，从而让电磁频谱控制真正迈入体系对抗的殿堂。

本书是作者近几年对国外光电对抗装备发展情况的研究总结，包含五篇九个章节，包括光电基础篇、光电威胁篇、对抗装备篇、作战应用篇、光电未来篇；九个章节包括不可不说的光电常识、纵横四海的光电威胁、暗夜精灵之光电告警、天女散花之红外诱饵、隐真示假之伪装防护、拈花一指之激光干扰、百步穿杨之激光武器、飞龙在天之作战运用、未来发展之光电对抗。

作者采用科普小品文的写作方式，力求短小精悍、简洁清晰、语言通俗、图文并茂、兼顾发展、留有截材，既有装备写实描述，又具未来发展分析，兼具作者思考体会，不求面面俱到，但求印象深刻，立意知识灌溉，方便学用合一。参与本书编写的有行业专家王大鹏，尚心蕊女士参与了校对及配图工作，感谢国防工业出版社的编辑的指导和孜孜教诲；特别感谢舒小芳女士在本书撰书过程中提供的无私帮助、信任和支持！

由于撰写时间较紧，作者水平有限，且受篇幅限制，难免挂一漏万，存在不足与疏漏之处，敬请读者斧正。

吴卓昆

2023 年 2 月

光电基础篇 / 1

不可不说的光电常识 / 2

莫非真有神谕
——跨越千年的光学简史 / 3

教我怎不思量
——不可不说的光电对抗 / 16

光电威胁篇 / 29

纵横四海的光电威胁 / 30

水门桥的背面
——越南的清化大桥是怎么被美军炸毁的 / 31

洞穿黑夜的暗夜之眼
——微光夜视装备技术的发展 / 40

战场上的坦克杀手
——"标枪"反坦克导弹 / 53

黑暗精灵的"暴风之锤"
——美国小直径精确制导弹药 / 68

"来自星星的你"的眼神
——光电战略侦察的战场应用 / 83

空中徘徊的"鬼眼"
——"全球鹰"无人机光电侦察系统 / 94

对抗装备篇 / 105

暗夜精灵之光电告警 / 106

"闪电侠"威风八面、洞察秋毫的"火眼金睛"
——分布式孔径红外告警系统 / 107

"你瞅啥,瞅你咋地"
——摩拳擦掌中的激光告警与反制措施 / 119

暗黑绝地中的忠实哨卫
——机载紫外告警系统 / 128

昼夜不息、雷打不动的"海上侦察员"
——舰载红外搜索跟踪系统 / 139

天女散花之红外诱饵 / 148

从第一次空空导弹战例到红外对抗技术的开端 / 149
忠心护主、不畏牺牲的红外诱饵弹 / 156
现役战机的新款"马夹"
——机载机电式大容量投放吊舱 BOL 系统 / 169

隐真示假之伪装防护 / 180

遮云蔽日的战场狼烟
——烟幕技术与战场应用 / 181

魔法世界的"隐身斗篷"
——战场伪装防护遮蔽技术 / 194

假作真时真亦假
——假目标虚实结合的战场应用 / 200

拈花一指之激光干扰 / 208

往昔英雄的穷途末路
——红外全向干扰机的辉煌与没落 / 209

更小、更精、更高效
——美军红外定向干扰装备的发展 / 219

战场飞机的"金丝软肋甲"
——一体化自卫干扰吊舱 / 228

"四两拨千斤"
——激光欺骗干扰的"以柔克刚"之术 / 242

百步穿杨之激光武器 / 250

"屠龙之技"还是终极梦想？
——激光武器的前世今生 / 251

颠覆未来作战规则的"六脉神剑"
——美国陆军激光武器的战场作战应用 / 283

"重剑无锋、大巧不工"俄罗斯的玄铁重剑
——"佩列斯韦特"激光武器系统 / 292

作战应用篇 / 303

飞龙在天之作战运用 / 304

现代光电战场的"墨攻"演绎
——外军要地防御中
光电对抗装备的应用 / 305

平时多流汗、战时少流血
——光电对抗系统仿真、测试、评估与训练 / 317

光电未来篇 / 329

未来发展之光电对抗 / 330

要么创新、要么死亡
——光电对抗的未来 / 331

参考文献

光电基础篇

不可不说的光电常识

莫非真有神谕
——跨越千年的光学简史

在现代战场中，军用光电广泛应用，百花齐放。从单兵携带的侦察望远镜、微光夜视仪，到陆、海、空、天平台装备的光电侦察系统，从应用于进攻性作战的光电精确制导武器，到用于平台自卫和区域防护的光电对抗系统，以及越来越热的进攻与防御兼备的激光武器系统，军用光电系统和技术正发挥出越来越重要的作用。

百花齐放的光学应用

基于光学的技术应用已充斥到人类各种活动的方方面面,光已成为军事、科研、生产和生活中最重要的元素之一。有人说:20世纪是电的世纪,21世纪是光的世纪。光,古老而神秘,在人类历史上,光是一个永恒的主题。按照大爆炸理论,在宇宙最初诞生的那一刻,光与物质混杂在一起,从最初的混沌,逐渐脱耦各自相对独立演化,《圣经》旧约·创世纪篇中:"上帝说:要有光!于是,就有了光"。

光学历史跨越千年,光学历史几乎和人类文明史本身一样久远。光学的发展经历了从漫长的黑暗中摸索,到逐渐迎来黎明的发展过程,大体上划分为:古代光学时期、近代光学时期和现代光学时期三个阶段,又称萌芽光学、经典光学、现代光学。萌芽光学时期大约从远古到16世纪,是光学科学的储备期,属于人类早期不同社会群体对光现象的猜测和思考,从主观认识向客观理解演变的过程。经典光学时期大约从17世纪到19世纪,又分为几何光学时期和波动光学时期,是光学的理性认知和应用发展时期。现代光学时期大约从19世纪末至今,又分为量子光学时期和现代光学时期,是光学理论的全面发展时期。

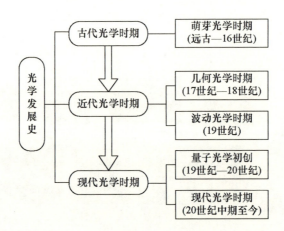

光学发展史划分图

古代光学时期

中国古人对"光"的研究的最早记载可以追溯到《墨经》。古代中国的光学被公认为古代物理学发展较好的学科之一。早在西周时期（公元前11世纪—770年），人们已经懂得利用阳燧铜镜聚光取火。《周礼》上记载："司烜氏，掌以夫燧，取火于日，以鉴取明水于月"，这是我国古代科学文化极为辉煌的一页，在世界科技史上也享有盛誉。

西周阳燧镜与现代利用阳燧聚光取火

春秋战国时期，墨家学派创始人墨翟（约公元前468年—376年）所著《墨经》中，记载了著名的"光学八条"，涉及影的形成、光线与影的关系、光的直线行进实验、光的反射特性、物体与光源对影的影响、平面镜反射成像、凹面镜反射成像、凸面镜反射成像等，这些知识都远早于世界其他国家。

墨翟与"光学八条"中的小孔成像

汉代汉高祖之孙淮南王刘安，组织宾客编写《淮南万毕术》，记载了冰透镜取火、光的折射反射实验，虽然刘安本人并非光学家，但其著作汇集了古代中国光学的实验精华，激发了人们动手实验的欲望，推动了古代中国物理光学的发展；此外，汉代王充和张衡在光学上亦有建树。

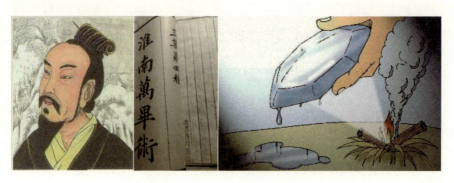

刘安的《淮南万毕术》和冰透镜取火

汉唐千年，有一批不知名的匠人和道士，在炼丹中对光学玻璃的制造有了一定的研究，古代的炼丹家认为，玻璃有药用价值，是炼制丹药的好材料，推动了光学知识发展。宋代科学家沈括《梦溪笔谈》中不仅研究过各种镜、影和光的色散问题，而且还尝试提出了光学理论——格术，解释小孔和凹面镜成像。元代赵友钦搭建大型光学实验"小罅光景"验证小孔成像；元代天文学家、数学家郭守敬，巧妙地利用针孔取像器解决了大型圭表读数不准的问题，对光学发展有一定的贡献。

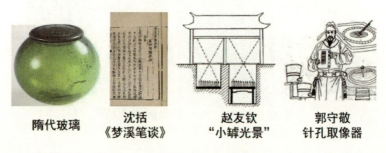

隋代玻璃　　沈括　　　赵友钦　　　郭守敬
　　　　　《梦溪笔谈》　"小罅光景"　针孔取像器

中国古代的光学成就

西方对于"光"的研究最早可以追溯到古希腊，公元前212年，罗马舰队大军兵临希腊西西里岛的最大城邦叙拉古城下,为抵御强大的罗马舰队的入侵,传说"百手巨人"阿基米德带领城邦百姓拿着镜子走上城墙,所有人在阿基米德的统一调度下,将多面镜子组成了一面巨大的凹面镜,使反射阳光聚焦成一点,照射在罗马舰队旗舰的主帆上,船帆迅速燃烧,舰队主帅大惊失色,带舰队仓皇逃走;虽然以现代科学的观点来看这个传说好像有点离谱,并且曾经盛极一时的叙拉古城邦最终难逃被罗马大军攻陷的厄运,但却印证了科学的力量,罗马主帅称叙拉古战役为"罗马和阿基米德一个人的战争",这个古代传说也隐约成了激光武器的起源。

叙拉古战役和阿基米德的聚光武器

希腊数学家欧几里得(公元前360年—225年)的著作《反射光学》问世,才提出对光的直线传播的正确认识。公元前350年,亚里士多德通过观察光透小孔形成亮圆,进一步证实光的直线传播。柏拉图曾讲授过光的直线传播以及反射,认识到反射角与入射角相等。公元2世纪,希腊人托勒密探讨了折射现象,测量了折射角和入射角。公元8世纪到11世纪,阿拉伯世界迎来科学时代之光,阿拉伯著名数学家、天文学家、光学家伊本·海赛姆是这个时代阿拉伯学者的杰出代表,形成专著《光学》(*Book of Optics*)7卷,全面发展了希腊学者对光的认识,对后世欧洲学者产生巨大影响,被西方学者喻为"近代光学之父"。

西方古代光学时期的典型代表

到16世纪初,凹面镜、凸透镜、眼镜、凹透镜等光学元件已相继出现,古代光学时期,人们主要是以直接观察、简单试验、思辨与经验总结等手段对周围的光学现象进行研究,这个时期较少有系统的光学理论著作,故也称萌芽光学时期。

近代光学时期

从17世纪初到19世纪末的300年间是近代光学确立和发展时期,与科学革命几乎同时开始,分为几何光学和波段光学两个阶段。

1608年,荷兰眼镜制造商汉斯·李普塞发明了第一架望远镜,用一个凸透镜作为物镜,

李普塞及第一架望远镜

用一个凹透镜作为目镜组合而成,称为荷兰望远镜,促进了天文学和航海事业的发展。

1610 年,意大利人伽利略·伽利莱改善了原始的设计,用凸透镜作为物镜,凹透镜作为目镜,目镜在光线汇聚到焦点前将其发散,实现改正平行光的目的。伽利略式望远镜首次用于天文学用途,由于伽利略式望远镜色差比较严重、视场较小,还会存在球差,伽利略式望远镜渐渐被抛弃,但伽利略用自己制造的放大 30 倍率的望远镜观察到木星的 4 颗卫星,证明了哥白尼日心说的正确性,加速了传统旧秩序的崩溃。

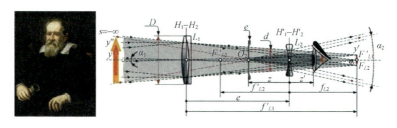

伽利略及伽利略式望远镜结构图

1611 年,德国天文学界誉满全球的"天空立法者",行星运动三大定律的发现者,牛顿"如果说我比别人看得远些的话,是因为我站在巨人的肩膀上"口中所说的巨人约翰内斯·开普勒,出版了《折光学》一书,阐述了光的折射原理,认为折射的大小不能单单从物质密度的大小来考虑,并在此基础上提出了新的折射望远镜结构,设计了双凸透镜组合的开普勒式望远镜,直接把"折射望远镜"定型,自此以后所有近、现代望远镜,都可以看作是开普勒望远镜的衍生产物。

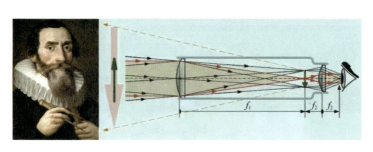

开普勒及开普勒式望远镜结构

无论是视场、清晰度还是出瞳距，开普勒式望远镜都远比伽利略式望远镜优秀，后人对开普勒式望远镜的结构进行了很多魔幻改型。

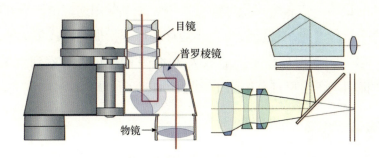

望远镜光路及单反相机光路

这位现代实验光学的奠基人居然给自己写下了墓志铭："我曾测天高，今欲量地深""我的灵魂来自上天，凡俗肉体归于此地"。果然不是一般的地球人！

1621年，法国笛卡儿从实际测量中抽象出折射定律，一举打开了近代应用光学的大门。1657年，法国人费马首先指出光在介质中传播时，所走路程极值的原理，即费马原理，并据此导出了光的反射定律和折射定律。到17世纪中叶人们基本上奠定了几何光学的基础。

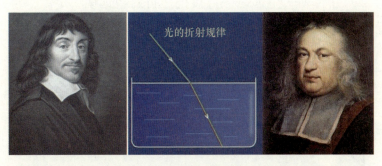

笛卡儿折射规律和费马

17世纪到18世纪期间,科学界最耀眼的明星当属英国科学巨人艾萨克·牛顿(1642—1727年),他在物理学上的贡献在那个时代无人能比肩。1704年,牛顿出版《光学或论光的反射、折射、弯曲和颜色》(后世简称《光学》)一书,爱因斯坦曾为其作序;1666年,牛顿用三角棱镜进行了光的色散实验,证明白光是由不同颜色的光组成的,这些不同颜色的光的折射性能不同。1668年,牛顿第一个设计制造出反射式望远镜,由于反射镜容易做大且无色差,很快风靡全球(即现代天文望远镜中的"牛反");牛顿在光学上最有影响的当属光的微粒说,按照这个理论,光是以微小粒子的形式从发光体传播出来的,光的微粒说在18世纪成为物理学界的主流。直到19世纪初,由托马斯·杨和菲涅耳等人的努力才使光的波动说风头一度超越微粒说,20世纪光的粒子性认识又再现光芒。

牛顿色散实验及牛顿反射式望远镜

1801年,英国医生托马斯·杨最先用干涉原理解释了白光照射下薄膜颜色的由来和用双缝显示了干涉现象,并第一次成功地测定了光的波长。1815年,菲涅耳用杨氏干涉原理补充了惠更斯原理,形成了著名的惠更斯-菲涅耳原理。1808年,英国人马吕斯偶然发现光在两种介质面上反射时的偏振现象,至此光的波动理论成功解释了光的直线传播、干涉、衍射和偏振现象。

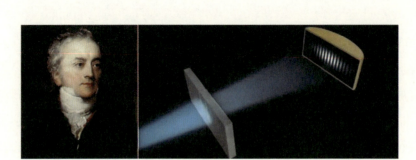

托马斯·杨的双缝干涉实验

1845年，英国人法拉第发现光的振动面在强磁场中的旋转，揭示了光与电磁之间的内在联系。1856年，德国人韦伯和柯尔劳斯在实验中发现电荷的电磁单位和静电单位的比值等于光在真空中的传播速度，即 3×10^8 米每秒。1865年，苏格兰人麦克斯韦建立电磁场理论，说明光是一种电磁现象。1896年，荷兰人亨德里克·安东·洛伦兹创立了电子论，解释物质发射和吸收光的现象，洛伦兹填补了经典电磁场理论与相对论之间的鸿沟，是经典物理和近代物理间的一位承上启下式的科学巨擘，是第一代理论物理学家的领袖。

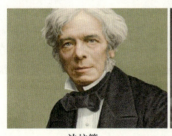  

法拉第　　　麦克斯韦　　　洛伦兹

波动光学的各位大神

现代光学时期

从1900年至今，光学经历了历史性变革到飞速发展时期，并由经典物理向现代物理突飞猛进，这一时期称为现代光学时期。

19世纪末20世纪初，物理学正面临着深刻危机，传统的光的电磁理论无法解释黑体辐射和光电效应等现象。1900 年，德国人马克斯·普朗克将研究黑体辐射问题和发现普朗克辐射定律的研究成果在德国物理学会上做了报告，成为量子论诞生和新物理学革命宣告开始的伟大时刻。1905 年，爱因斯坦提出了光量子论，解释了黑体辐射规律和光电效应现象。1924 年，法国人路易·维克多·德布罗意创立物质波理论，将光的波粒二象性加以推广，认为一切实物粒子都具有波粒二象性。

普朗克　　　　爱因斯坦　　　　德布罗意

现代光学的诸位科学家

1958 年，美国科学家查尔斯·汤斯和阿瑟·肖洛发现：当将氖光灯光照在一种稀土晶体上时，晶体的分子会发出鲜艳的、始终会聚在一起的强光，据此提出了"激光原理"，并获得了 1964 年和 1981 年的诺贝尔物理学奖。

查尔斯·汤斯和阿瑟·肖洛

1960年，美国科学家梅曼利用一个高强闪光灯管来照射红宝石，受激后发出红光，利用此原理制作了世界上第一台激光器，即红宝石激光器，波长为0.6943微米，梅曼因而也成为世界上第一个将激光引入实用领域的科学家。激光的发明是光学发展史上一个革命性的里程碑，一般将1960年激光器发明后的光学划为现代光学。

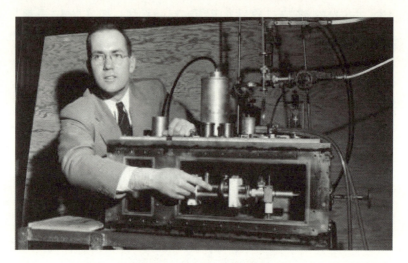

梅曼和世界上第一台激光器

自此激光技术不断发展，逐渐应用于激光测距测速、激光精密测量、激光全息、激光加工、激光通信、激光对抗和激光武器当中。

在红外技术方面，1800年，英国天文学家威廉姆·郝胥尔利用自制的望远镜在太阳光中发现了红外辐射；1905年，爱因斯坦提出了光电效应方程，为红外探测器件的发明奠定了理论基础。从此，红外应用技术逐渐普及开来。到20世纪50年代，第一枚红外制导导弹在战场上得到应用，红外探测与红外对抗这对相生相抗的孪生技术开始呈螺旋上升式蓬勃发展。特别是近20年来，大规模红外焦平面阵列的出现，使该领域的技术进步精彩纷呈：红外制导导弹是各种军用平台的重要威胁；红外侦察是掌握战场态势的发展和瞬时变化的情报信息以获取未来战场主动权的关键。大规模红外焦平面阵列能精确、实时地采集情报信息,是进行光电情报信息采集的先进技术装备。

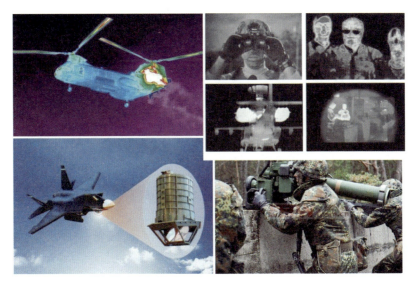

战场上红外技术的应用

历史一直面临着一个尴尬的质疑:学习和研究历史有什么现实意义?在很多人看来,过去的已然过去,即便研究得再清楚,也是徒劳。克罗齐说过:"一切历史都是当代史。"历史与现实息息相关。历史是过去的现实,现实是未来的历史。所以,从某种意义上说,未来也可以被当作"历史"来研究。研究学习光学历史,掌握人类在探索利用各种工具作为自身能力延伸的发展脉络,历史的意义不仅仅是了解过去,还能够帮助我们把握未来。每一个时代的人们,面对历史巨流的滚滚向前,都希望能够更好地了解过去,把握现在,预知未来,这也是历史学习的意义所在。

教我怎不思量
——不可不说的光电对抗

近年来,美军为了重塑电磁频谱优势,高度重视电子战(EW)的发展,推出了一系列新战略、新概念、新政策、新条令,引领电子战转型,实现跃升。美国陆军《FM3-36陆军军事行动中的电子战条令》指出:"光电红外对抗措施是运用光电红外材料或工艺削弱敌方作战效能,特别是针对敌方精确制导武器和传感器系统效能的任何设备或技术"。

2019年7月30日,美国空军发布新的《电子战条令》,用新条令附录3-51《电磁战与电磁频谱作战》替代了2014年10月发布的条令附录3-51《电子战》。这不仅是美国空军条令的一个重大变化,更是美军电子战发展的重要风向标。

电子战条令第1章1.1节:美国空军从"电子战"发展到现在使用"电磁战",是因为:随着电磁频谱的应用(如红外、激光、微波以及卫星通信、计算机)不断拓展,范围更广泛的"电磁战"一词在技术上更加准确。

条令第3章进一步明确:"电子战是指使用电磁能或定向能控制电磁频谱或攻击敌方的所有军事行动"。电磁战不限于无线电或雷达频率,还包含红外、可见光、紫外和任何其他自由空间电磁辐射,如无线赛博空间应用。

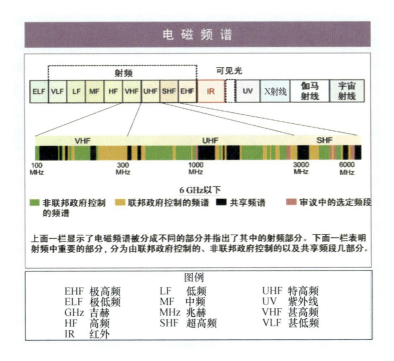

美国《电磁战与电磁频谱作战》条令中的电磁频谱

高技术条件下的现代化战争，已实现陆、海、空、天一体化联合作战，以全方位战场感知为主导，以精确打击为主要攻击手段。光电对抗的作战使命就是干扰光电侦察、对抗精确打击。发展先进的光电对抗技术与装备，具有十分重要的战略意义。

基本概念

光电对抗是指敌对双方在光波段（紫外、可见光、红外波段）范围内，利用光电设备和器材，对敌方光电制导武器和光电侦测设备等光电武器进行侦察告警并实施干扰，使敌方的光电武器削弱、降低或丧失作战效能；同时，利用光电设备和器材，有效地保护己方光电设备和人员免遭敌方的侦察告警和干扰。

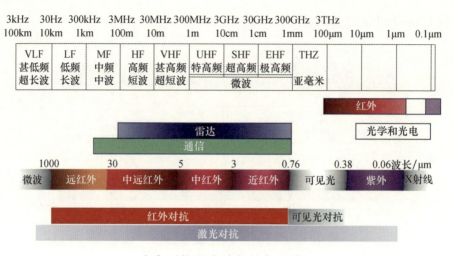

光电对抗是光波段的电子战

电子战是控制电磁频谱的军事行动,光电对抗是光波段的电子战,是交战双方在光波段的攻防对抗,作战对象主要是光电精确制导武器和光电侦察系统,广义光电对抗的作战对象拓展到所有的军事平台和武器系统。

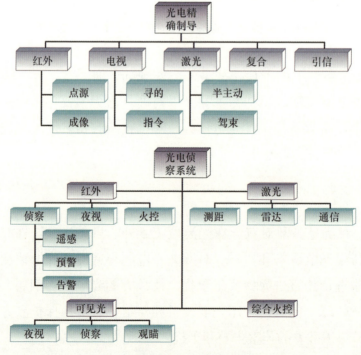

光电对抗的作战对象

光电对抗的作战使命就是削弱、降低、甚至彻底破坏敌方光电武器的作战效能，保护己方人员、作战平台、重点目标和防护区域，掩护己方有效完成作战任务。主要特征包括光谱匹配性、时空相关性和快速响应性。

分类划分

光电对抗按平台分类包括机载光电对抗、车载光电对抗、舰载光电对抗、弹载光电对抗和星载光电对抗。按功能和技术分类，包括光电侦察告警、光电干扰、光电伪装与防护。

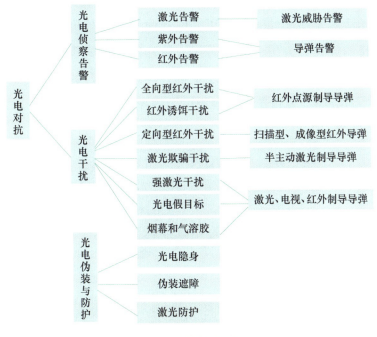

光电对抗的分类

光电侦察告警是实施有效对抗的前提。光电侦察告警是指对敌方辐射或散射的光谱信号进行搜索、截获、测量、分析、识别以及对光电设备测向、定位，以获取敌方光电设备技术参数、功能、类型、位置、用途，并判明威胁程度，及时提供情报和发出告警。主要包括激光告警、紫外告警、红外告警。主要特点是以被动工作方式为主，反应速度快；

缺点是作用距离较近，全天候工作能力较差，不适合雨天和雾天。

国外典型的光电侦察告警装备

激光告警主要是针对激光测距机、激光目标指示器、激光雷达、高能激光武器等激光威胁，利用光电接收与信号处理技术，获取来袭激光威胁的波长、方位、能量等级、脉冲编码形式等。主要用于固定翼飞机、直升机、车辆、舰船以及单兵等军事平台的自卫告警，地面重点目标的防护告警和光学侦察卫星的激光威胁告警。

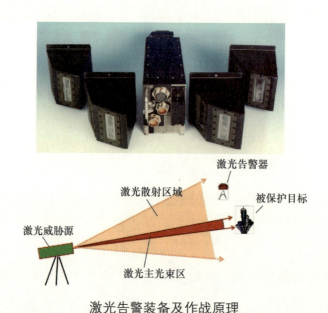

激光告警装备及作战原理

紫外告警通过探测导弹尾焰的紫外辐射，并根据测得的数据和预定的判断准则发现和识别来袭的威胁目标，确定其方位并及时告警，以采取有效的对抗措施。自然界中最大的辐射源是太阳,但波长短于 0.3 微米的太阳中波紫外辐射被大气臭氧吸收,到达不了地球近地表面,称为"日盲区",紫外告警则利用"日盲区"对导弹进行探测,具有虚警率低、抗干扰能力强等特点。

装载于直升机上的 AN/AAR-60 紫外告警装备

红外告警主要通过利用来袭目标（导弹、炸弹、飞机）自身发出的红外辐射进行探测、截获、定向和分析,发出警报。由于红外探测器发展日新月异,发展速度较快,探测距离相对较远,但因受自然界的红外辐射源较多的影响,虚警率较高,尤其在保证较高的探测概率的条件下,需不断改进告警算法,降低虚警率和误警率,提高对目标的识别能力。

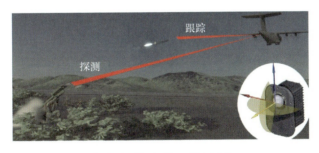

双色红外告警工作过程

光电干扰主要包括红外诱饵干扰、全向型红外干扰、定向型红外干扰、激光欺骗干扰、强激光干扰、假目标干扰、烟幕和气溶胶。

红外诱饵干扰是指具有一定辐射能量和红外光谱特征的干扰器材,

能够模拟飞机、舰船、装甲车辆等目标的红外辐射特性，对各种红外侦察、观瞄器材和红外制导系统起引诱、迷惑和扰乱作用。

典型的红外诱饵干扰

全向型红外干扰的主要工作原理是：对于带有调制盘的红外导引头，目标的红外能量经过调制盘调制后被导弹的探测器接收，形成电信号，再经过信号处理后得出目标与寻的器视轴轴线的夹角偏差和该偏差的角速度变化量，作为制导修正依据。当干扰机信号介入后，其干扰信号也聚集在"热点"附近，并随"热点"一起被调制，同时被探测器接收。干扰机的能量是按特定规律变化的，当这种规律与调制盘对"热点"的调制规律相近或影响了调制盘对"热点"的调制规律时，将产生错误的偏差信号，致使舵机修正发生错乱，从而达到干扰的目的，主要装载在飞机、直升机、舰船坦克等平台上，用于对抗红外点源制导导弹。

全向型（广角型）红外干扰机

定向型红外干扰采用激光或短弧氙灯为干扰源，在告警的引导下，对来袭的红外制导威胁进行捕获、跟踪、瞄准，并发射定向干扰光束照射来袭导引头，致使导引头丢失目标，达到保护平台的目的。

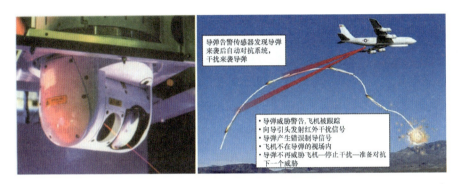

定向型红外干扰典型装备与作战过程

激光欺骗干扰是通过发射、转发或反射激光辐射信号，形成具有欺骗功能的激光干扰信号，扰乱或欺骗敌方激光测距、激光制导系统，使其得出错误的方位或距离信息，降低其作战效能。激光欺骗干扰分为距离欺骗干扰和角度欺骗干扰两种类型，距离欺骗干扰多用于干扰激光测距系统，角度欺骗干扰多用于干扰激光制导武器系统。

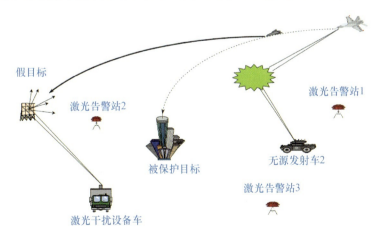

激光欺骗干扰典型工作原理

强激光干扰是通过发射强激光束直接照射光电导引头或光电侦察系统传感器,达到饱和致眩、损坏致盲或直接摧毁的目的。具有定向精度高、响应速度快、应用范围广,可用于机载、车载、舰载及单兵便携等多种形式。

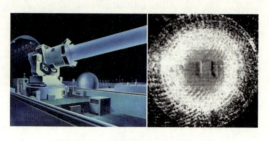

强激光干扰装备及致眩效果

光电假目标是利用各种器材或材料仿制成与真目标光学特征相同或接近的各种假设施、假兵器等,可有效地欺骗和诱惑敌人,吸引光电侦测武器的注意力,分散和消耗光电制导武器,提高真目标的生存能力。可以分为形体假目标和热目标模拟器两种类型,也可以分为有制式假目标和就便材料假目标两种形式。

T-72战车假目标

烟幕和气溶胶是通过在空中施放大量气溶胶微粒,改变电磁波介质传输特性,对光电探测、观瞄、制导武器系统实施干扰,具有"隐真"和"示假"双重功能。在古代战争中,人们常利用自然雾气来隐蔽军队行动,并以人工烟雾作为通信联络手段。当年诸葛亮利用大雾天气成功实现草船借箭，就是烟幕干扰最为经典的应用。

烟幕和气溶胶干扰

光电伪装与防护是为保证己方使用光频谱而采取的行动，具体是指在己方目标上，通过采取抗干扰电路、光电防护材料或器材等措施，衰减或滤除敌方发射的强激光或其他干扰光波，保护己方光电设备或作战人员免遭干扰或损伤的技术。主要包括光电隐身、伪装遮障和光电防护。

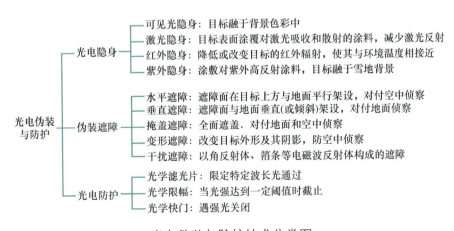

光电伪装与防护技术分类图

光电对抗：矛与盾的生死较量

美国陆军用伪装网

发展历程

光电对抗是伴随光电技术的发展而成长起来的，并在不同时期的局部战争中扮演着重要角色。

第一次世界大战期间，为了避免暴露重要目标和军事行动，各参战军队广泛利用地形、地物、植被、烟幕等进行伪装。第二次世界大战期间，苏军对其战役纵深内重要目标使用烟幕遮蔽，使德国飞行员无法发现、识别、攻击目标，造成投弹命中率极低，空袭效果大大下降。20世纪70年代后，在越南战争中，越军利用有利的植被伪装条件，经常袭击、伏击美军。1973年的第四次中东战争中，埃及在苏伊士运河采取了夜间移动浮桥位置、昼间施放烟幕覆盖的方法，阻止、干扰以色列对浮桥位置的侦察，从而降低了以色列空军惯用的按预先标定目标实施空袭的效果。

20世纪50年代中期，硫化铅（PbS）探测器件问世，空对空红外制导导弹应运而生。20世纪60年代中期，随着工作于3~5微米锑化铟（InSb）器件和制冷的硫化铅器件的相继问世，光电制导武器进一步发展，地对空和空对空红外制导导弹又获得了成功。1973年春的越南战场上，越南使用苏联提供的便携式单兵肩扛发射防空导弹SA-7在二个月内击落了24架美国飞机。在这种情况下，各国纷纷研究对抗措施，相继出现了机载AN/AAR-43/44红外告警器、AN/ALQ-123红外干扰机以及AN/ALE-29A/B箔条、红外干扰弹和烟幕等光电对抗设备，产生

了许多成功战例。例如，在越南战场上，美国针对SA-7红外制导导弹的威胁，投放了与飞机尾喷口红外辐射特性相似的红外干扰弹，使来袭红外制导导弹受红外诱饵欺骗而偏离被攻击的飞机，从而失去作用。在1973年第四次中东战争中，这种导弹又击落了大量以色列飞机。后来，以色列采用了"喷气延燃"等红外有源干扰措施，又使这种导弹的命中概率明显下降，飞机损失大大减少。

从20世纪70年代中期开始，对抗双方发展迅速，相继问世了红外、紫外双色制导导弹（如美国的"毒刺"导弹和苏联的"针"式导弹）和红外成像制导导弹。对抗方面，又增加了面源红外诱饵、红外烟幕、强激光致盲等手段来迷惑或致盲红外制导导弹，使之降低或丧失探测能力。20世纪90年代初期，美国和英国开始联合研究用于保护大型飞机的多光谱红外定向干扰技术，这种先进的技术可以对抗目前装备的各种红外制导导弹。

1960年7月，美国研制出世界上第一台激光器。激光方向性强、单色性和相干性好的特点，迅速引起军工界的兴趣。1969年军用激光测距仪开始装备美军陆军部队，随后装备部队的激光制导炸弹具有制导精度高、抗干扰能力强、破坏威力大、成本低等特点。

在越南战争中，美军曾为轰炸河内附近的清化桥出动过600多架次飞机，投弹数千吨，不仅桥未炸毁，而且还付出毁机18架的代价。后来用刚刚研制成功的激光制导炸弹，仅两小时内，用20枚激光制导炸弹就炸毁了包括清化桥在内的17座桥梁，而飞机无一损失。越南人民军也采取了一些反激光炸弹的措施，其中之一就是伪装目标，减少激光能量的反射，如在保卫河内富安发电厂战斗中，就施放了烟幕、喷水，高度超过建筑物3米，伪装面积为目标的2~3倍，烟幕浓度为1克每立方米，使得敌人投了几十枚炸弹，

战场上释放的烟幕

仅有一枚落在围墙附近。

20世纪90年代，海湾战争和科索沃战争更是各国先进光电武器的试验场，美国使用激光制导炸弹占美国使用精确制导武器数量的30%，但被摧毁的巴格达大批目标中有90%是激光炸弹所为。激光对抗技术再次引起各国军界的高度重视，美国研制的AN/GLQ-13激光对抗系统和英国研制的GLDOS激光对抗系统采用有源欺骗干扰方式，可将来袭激光制导武器诱骗至假目标；美国研制的"魟鱼"车载强激光干扰系统可致盲来袭激光制导武器导引头的光电传感器，使之丧失制导能力。

"魟鱼"车载强激光干扰系统

据报道，西欧国家从1982年到1991年的10年间光电对抗装备费用为27亿美元，年递增15%~20%；美国电子战试验费用中用于光电对抗方面的1976年为16%，1979年为45%。

有军事分析家预言："在未来战争中，谁失去制谱权，就必将失去制空权、制海权，处于被动挨打、任人宰割的境地；谁先夺取制光电权，谁就将夺取制空权、制海权、制夜权"。因此，光电对抗已逐渐成为掌握战争主动并赢得战争胜利的关键因素之一，谁拥有了更先进的光电对抗技术和装备，谁就掌握了战场的主动权；谁能够使自己的光电设备作战效能发挥出色、并能有效地干扰敌方的光电侦察和光电制导等武器，战争胜利的天平就偏向于谁。

光电威胁篇

纵横四海的光电威胁

水门桥的背面
——越南的清化大桥是怎么被美军炸毁的

1955年11月至1975年3月,越南内战及"北部湾事件"引发美国入侵越南,史称"越南战争"。处于美苏争霸时期的资本主义阵营的"老大"美国,不甘于在朝鲜战场上的失败,力图通过一场战争来提高军事威慑力,巩固霸主地位,完成在朝鲜战争中未能达到的目的。

"一场稀里糊涂的战争"——越南战争

虽然美国最终在越南战争中惨淡收场，被称为"一场稀里糊涂的战争"，但在越南战争中，美军使用了很多现代化武器装备，推动了世界军事科技的进步。不得不提到的是越南贯通南北的清化大桥，据战后统计，美军为炸毁清化大桥竟历时7年之久，投放了上万吨炸药，被击落了上百架战机，花费近10亿美金，最后靠催生的"灵巧炸弹"（激光制导炸弹和电视制导炸弹）才得以达到目的。然而，耗时之久、代价之大，成了美军历史上永久的耻辱和"难以言说的痛"。

越南战争中历时数年对清化大桥的轰炸

难以炸毁的清化大桥

清化大桥位于越南清化市附近，是越南南北铁路与1号公路横跨马江的大桥，地理位置极为重要。清化大桥最早由法国人建造，在战火中遭破坏后，1957年由中国工程技术人员援助重建，1964年竣工，长约520米，宽12米，桥身距马江江面约26米，大桥采用钢跨度结构，支撑桥身的中央混凝土桥墩厚度近5米，主体结构为钢筋混凝土，非常坚固，即使炸弹直接命中，也不足以将大桥炸毁，可迅速修复。

贯通南北的清化大桥

清化大桥是贯通越南南北、输送战略物资的重要动脉,在越南战争爆发后,美军高层很快注意到这座大桥对越南的重要性,于1965年4月发动"滚雷行动",对清化大桥开始第一次大规模轰炸。第一次轰炸由美国空军王牌飞行员罗宾逊·里斯纳率领,共出动46架F105战斗轰炸机、21架F100"超级佩刀"战斗机、2架RF101侦察机,其中有30架F105携带了8枚340千克常规炸弹,16架F105携带了2枚无线电制导的AGM12小斗犬空地导弹。如此兴师动众、超大规模的轰炸,结果却收效甚微,出师极其不顺,机群刚到大桥附近,就遭到北越高射炮攻击,冒着枪林弹雨的危险,虽几次击中大桥,但大桥只是轻微破损,仅需几小时即可修复,而美军则有数架战机被击落,罗宾逊·里斯纳中校

"滚雷行动"和罗宾逊·里斯纳 ▼

所驾战机亦被击中,第一次交手以美军惨败告终。

空地轰炸中的天花板

在空对地作战中,对地火力战是摧毁目标、压制地面火力、瘫痪交通系统的重要手段,火力战是以直接摧毁为手段,以火力威慑为辅助,对敌目标实施打击,以摧毁和压制来达到控制的目的。

追求轰炸的精准性一直是各国空军追求的目标。普通航弹的命中精度与飞机的方向、投弹速度、投弹时机、航弹的空气动力系数、风速和大气参数等密切相关。1943年第二次世界大战期间,美国轰炸机轰炸圆概率误差为350米,而第二次世界大战结束后缩小至300米。1950年,美军在朝鲜战场上投射的"塔松"巨型炸弹为无线电制导,其圆概率误差缩小至85米,到1972年首次发明使用激光制导武器后,圆概率误差缩小至10米以内。

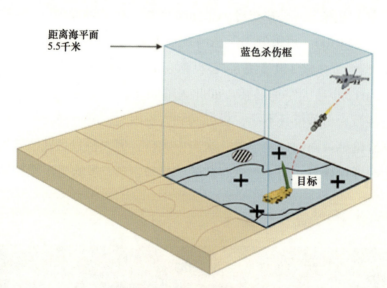

精确制导导弹的圆概率误差

在对地火力打击中,摧毁桥梁被认为是空对地打击难度最大的目标,打击桥梁基本上相当于空对地点目标攻击,美军飞行员将打中桥梁比喻其难度如同站在 10 米以外将石子扔进管子里。究其原因：一是桥梁结构复杂、种类繁多，不同种类桥梁被破坏的难易程度和方式都不尽相同；二是关键桥梁作为地面交通运输枢纽，一般都有密集的防空火力保护，不先进行彻底的防空压制，空地打击将很难进行。

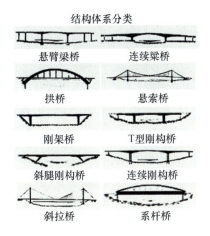

桥梁结构分类和典型的桥梁结构

攻击桥梁先要弄清楚桥梁结构，比如应该打桥面还是打桥墩？不同结构的桥梁打击的部位不同，一般来说桥墩和桥面的结合处都是弱点。是顺着河流方向突击还是顺着桥梁方向突击？从美军在科索沃对桥梁突击的实战来看，从 45° 方向突击兼具易发现目标和易命中目标的优点。轰炸一座桥梁往往需要一个团以上的兵力，摧毁一座桥梁的成本可以建造几座甚至几十座桥梁。

战火催生的光电制导武器

战火中催生了光电精确制导武器，当时美军主要倾向于电视制导和激光制导两种方案。1967 年，AGM-62"白眼星"电视制导炸弹研制成功，美军在越南战争中首次使用了 AGM-62"白眼星"电视制导炸弹，由于当时的技术不完善，电视跟踪要求目标具有较高的对比度，否则难以锁定目标，而越南的天气状况常常使其失效。

AGM-62"白眼星"电视制导炸弹

激光制导方案的提出在精确制导武器发展中具有里程碑意义,提出者是得州仪器厂的工程师韦尔登·沃德。当时的方案是使用激光制导武器需要两架飞机:第一架负责目标指示的飞机需发射激光对目标进行连续照射,使被照射点形成一个向外的圆锥形激光漫反射体;第二架飞机将炸弹投入到圆锥形激光漫反射体中,激光制导导引头上的传感器接收并锁定反射激光回波信号,导引炸弹飞向目标。

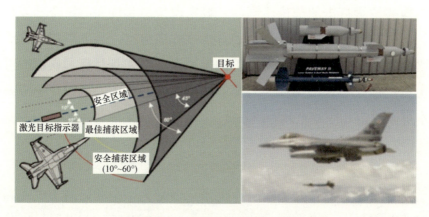

"宝石路"Ⅱ激光半主动制导炸弹

这种制导方式其实是半主动激光制导,后续还有激光驾束制导。从作战方式上来看,可划分为空照空射、空照地射、地照空射、地照

地射等方式,其中,空照空射还分为他机照本机射和本机照本机射两种方式,他机照还分为有人机照和无人机照。总体来说,激光制导比电视制导具有更高的精度,能在夜间作战,但激光光束易受云层、雾霾、烟尘的影响,不能全天候作战。

半主动激光制导作战示意图

激光半主动制导武器由激光目标指示器、弹上寻的器、弹上控制单元、战斗部等组成。半主动激光制导是通过激光目标指示器发射具有一定编码信息的激光束照射目标,弹上的激光导引头接收目标漫反射的激光,从而实现对目标的跟踪和对导弹的控制,直至导弹命中目标。

用于半主动激光制导的激光目标指示器

半主动激光制导武器采用激光编码解码,最早的目的是解决在同一战区内对多个目标进行攻击时,多个照射器相互干扰的问题。不同的照射器对不同的目标使用各自编码的激光进行照射,具有相应解码能力的制导炸弹自主飞向各自的目标。

新技术倾轧下终遭厄运

1972年4月27日,美军F-4攻击机再次对清化大桥进行轰炸,由于云层限制,这次改用电视制导炸弹对清化大桥进行轰炸,虽然给大桥造成重创,但并没有造成坍塌。1972年5月13日,美军卷土重来,利用"宝石路"(Paveway)激光制导炸弹,多次击中清化大桥桥身同一位置,大桥终遭厄运。美国空军战斗记录中写道:"大桥西段完全从约12米的混凝土桥台断裂脱落,桥的上部构造完全变形、扭曲,铁路交通在将来几个月内无法通行。"

被炸毁的清化大桥

"他山之石,可以攻玉"——在反思中成长

"宝石路"激光制导炸弹从越南战争开始成为美军最重要打击弹药之一,具有射程远、精度高、威力大、抗干扰能力强、结构简单、成本低廉等特点,在后来的空袭中大量应用,包括利比亚行动、两次伊

拉克战争、北约轰炸南联盟行动，成为高技术兵器中的佼佼者。

"他山之石、可以攻玉"，通过对历次激光制导战场应用的总结与反思，国内从20世纪90年代开始研究对抗精确制导武器的防护手段，从激光半主动精确制导工作机理和薄弱环节出发，开始了第一代精确制导防护系统研制。

洞穿黑夜的暗夜之眼
——微光夜视装备技术的发展

克劳塞维茨在《战争论》一书中强调："战争之雾就是随时可能到来的摩擦，作战计划和现实间的差异使战争不可能呈现出有序而理性的发展方向。"

具有不可预知性和混沌状态的夜战行动，是最能体现"战争之雾"本质的军事行为，从古至今，军事家都重视利用黑夜的掩护来进行战斗，以达到白天难以取得的战果。"拥有黑夜"是美国重要的军事战略思想，谁拥有制夜权，谁就会赢得战争的主动。

现代技术为士兵提供了适应夜间作战的各种装备，使得夜战、昼战的界限越来越模糊。夜视技术是应用光电探测和成像器材，在夜间或者低照度条件下，将非可视目标转化为人或武器装备感知的信息传感装置，使黑夜变得"透明"。夜视装备已成为军队夜间侦察、瞄准、车辆驾驶等不可或缺的装备，大大提高了部队在夜间的观察、射击、机动和协同作战能力，为取得夜间作战的主动权创造了条件。

1942年，苏联红军颁布的《野战条令》中称："只有在周密准备和小心组织的条件下，夜战攻击行动才能取得成功。"未来夜战将是海、天、空、地一体，火力战、导弹战、电子战和心理战交织在一起的大纵深作战，掌握战场上的制夜权将成为赢得战争的重要因素。

微光夜视技术是目前夜战武器装备中使用最广泛的技术，微光夜视系统是利用夜天光在景物上的反射光进行工作的。如图所示，夜天光覆盖了可见、近红外和短波红外波段，其峰值和主要辐射能均在短波红外波段，该波段的辐射能是可见和近红外波段之和的数十倍。

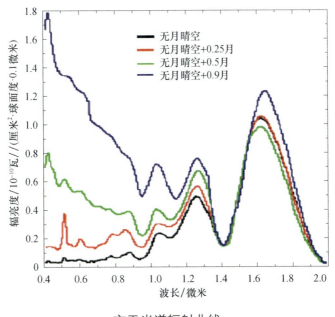

夜天光谱辐射曲线

充分利用夜天光资源，提高像传感器光敏面的光谱响应以及与夜天光的匹配率，一直是微光夜视技术发展的原动力和奋斗目标。

微光夜视系统主要分为直接观察型微光夜视仪和间接观察型微光电视。微光夜视技术主要包括微光夜视系统总体技术和微光夜视器件设计和工艺研究，核心是微光像增强器的研究，像增强器主要由光电阴极输入窗、电子光学系统和荧光屏输出窗组成，通过三个环节实现目标图像的亮度增强，即：光阴极将系统接收到的低能辐射图像转变成为电子图像；通过电子光学系统使电子图像加速聚焦成像同时获得能量增强；荧光屏将得到倍增的电子图像再次转换为可见的光学图像。其发展历程代表了微光夜视技术的发展。

微光像增强器

微光像增强器经历了从零代→一代→二代→超二代→三代→超三代→四代的发展，主要技术特征与性能参数如下表所列。

微光夜视器件技术特征与性能参数

代次	主要技术特征	主要技术指标		时间
		灵敏度/(微安/流明)[①]	分辨率/(线对/毫米)[②]	
零代主动微光夜视	红外变像管/探照灯；银-氧-铯光阴极和单级二电极像管技术	80	20	20世纪40年代
一代微光夜视	多碱光阴极；光纤面板输入；输出窗倒像式像管；像管耦合技术	200	28	20世纪60年代
二代微光夜视	多碱光阴极；微通道板（MCP）像管技术（倒像式和近贴式）	225	32	20世纪70年代
三代微光夜视	砷化镓光阴极MCP；带防离子反馈膜微通道板近贴式像管	800~1600	32~60	20世纪80年代—20世纪90年代
超二代微光夜视	高灵敏度多碱阴极MCP	500~700	32~50	20世纪90年代

续表

代次	主要技术特征	主要技术指标		时间
		灵敏度/(微安/流明)[①]	分辨率/(线对/毫米)[②]	
超三代微光夜视	高灵敏度砷化镓光阴极低噪声MCP微光管	1600~1800	64	20世纪90年代
四代微光夜视	高灵敏度砷化镓光阴极无膜MCP；自动电子快门	2000~3000	64~90	20世纪90年代
超二代微光	高灵敏度多碱阴极自动电子快门	700~900	64	2002年

① 灵敏度单位，其中流明为光通量单位，本单位表示在单位光通量下，会有多少微安的电流产生。详细物理意义可参考其他书籍，本书不做详细说明，此处读者能理解表中数值间的差距即可。
② 分辨率单位，表示在每毫米距离内能容纳的线对数量。

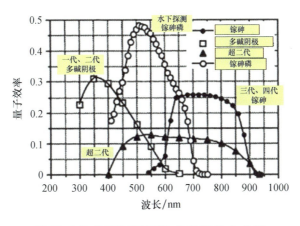

常见4类光阴极量子效率光谱分布曲线

基于多碱光阴极的一代、二代微光夜视光谱响应范围可覆盖整个可见光谱和750~800纳米范围的近红外波段，灵敏度达到200~300微安/流明，暗电流约为10^{-16}安/厘米^2，多碱光阴极无论是S-20、S-25或是Super S-25，都是正电子亲和势光阴极；而负电子亲和势的砷化镓光阴极比多碱阴极具有更高的量子效率，光谱响应范围为可见光到近红外，特别是在近红外波段有较高的响应，可工作的近红外光谱到920纳米，暗电流约为10^{-16}安/厘米^2，灵敏度提高到1800微安/流明。

从图中可以看出，三代光阴极的光谱响应与夜空辐射的匹配率大约是二代多碱光阴极的3倍。铟镓砷的光谱响应与夜空辐射的匹配率大约是三代光阴极的10倍，大约是二代多碱光阴极的30倍。

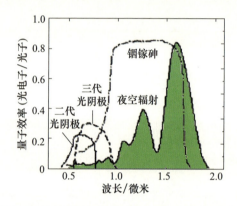

光阴极和铟镓砷的光谱响应与夜空辐射匹配率

零代微光夜视技术

20世纪四五十年代，最早出现以Ag-O-Cs光阴极、电子聚焦系统和阳极荧光屏构成静电聚焦二极管为特征技术的像管称为"零代变像管"。其阴极灵敏度典型值为60微安/流明，将来自主动红外照明器的反射信号转变为光电子，电子在16千伏的静电场下聚焦，能产生较高的分辨率，但体积、重量比较大，增益很低。

一代微光夜视技术

一代微光夜视技术在20世纪50年代出现，成熟于20世纪60年代。伴随着高灵敏度Sb-K-Na-Cs多碱光阴极（1955年）、真空气密性好的光纤面板（1958年）、同心球电子光学系统和荧光粉性能的提升等核心关键技术的突破，真正意义上的微光夜视仪开始登上历史舞台。它的光电阴极灵敏度高达 180~200 微安／流明，一级单管可实现约 50 倍亮度增益。

由于采用光纤面板作为场曲校正器改善了电子光学系统的成像质量和耦合能力，使得一代微光单管三级耦合级联成为可能，使亮度增强 10^4 倍以上，实现了星光照度条件下的被动夜视观察，因而一代微光夜视仪也称为"星光镜"。

1962 年，美国研制出三级级联式像增强器（PIP-I 型），并制成以 PIP-I 型像增强器为核心部件的一代微光夜视仪，即所谓"星光镜"AN/PVS-2，其在 1965—1967 年装备部队，曾用于越南战场。其典型性能为光阴极灵敏度不小于 225 微安／流明，分辨率不小于 30 线对／毫米，增益不小于 10^4，噪声因子 1.3。

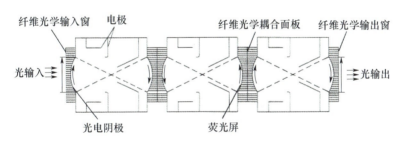

一代像增强器（三级级联式像增强器）

"星光镜"AN/PVS-2

一代微光夜视技术属于被动观察方式，其特点是隐蔽性好、体积小、重量轻、图像清晰、成品率高，便于大批量生产，缺点是怕强光、有晕光现象。

二代微光夜视技术

1962 年前后通道式电子倍增器——微通道板（MCP）的研制成功，为微光夜视技术的升级提供了基础。经过长期探索，二代微光夜视仪于 1970 年研制成功，它以多碱光阴极、微通道板、近贴聚焦为特征技术。

尽管仍然使用 Sb–K–Na–Cs 多碱光阴极，但随着制备技术的不断改进，光阴极灵敏度和红外响应得到大幅提升。1 片 MCP 便可实现 10^4~10^5 的电子增益，使得一个带有 MCP 的二代微光管便可替代三个级联的一代微光管，并利用 MCP 的过电流饱和特性，从根本上解决了微光夜视仪在战场使用时的防强光问题。二代微光管自 20 世纪 70 年代批量生产以来，现以形成系列化，和三代微光管一起成为美欧等发达国家装备部队的主要微光夜视器材。其典型性能为光阴极灵敏度 225~400 微安/流明，分辨率不小于 32~36 线对/毫米，增益不小于 104，噪声因子为 1.7~2.5。

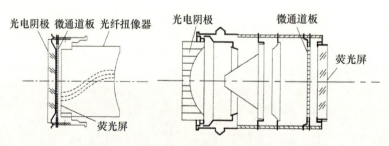

二代近贴式和倒像式 MCP

三代微光夜视技术

三代微光夜视器件的主要技术特征是高灵敏度负电子亲和势光阴极、低噪声长寿命高增益 MCP 和双冷铟封近贴。三代管保留了二代管

的近贴聚焦设计，并加入了高性能的镓砷光阴极，其量子效率高、暗发射小、电子能量分布集中、灵敏度高。为了防止管子在工作时粒子反馈和阴极结构的损坏，在MCP输入端引入一层防离子反馈膜，这大大延长了其使用寿命。

其典型性能为：光阴极灵敏度800~2000微安/流明，分辨率不小于48线对/毫米，增益10^4~10^5，寿命大于7500小时，视距较二代管提高了50%~100%。三代微光夜视仪的优势是灵敏度高、清晰度好、体积小、观察距离远，但工艺复杂、技术难度大、造价昂贵，限制了其大规模批量化使用，整体装备量与二代管相当。三代微光夜视器件的代表是AN/PVS-7夜视仪。

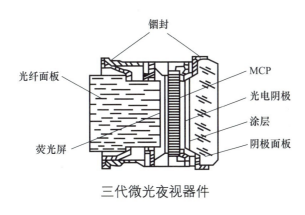

三代微光夜视器件

AN/PVS-7夜视仪

超二代微光夜视技术

超二代微光夜视技术借鉴了三代管成熟的光电发射和晶体生长理

论,并采用先进的光学、光电检测手段,使多碱阴极灵敏度由二代微光的 225~400 微安/流明,提高到 600~800 微安/流明,实验室水平可达到 2000 微安/流明;同时扩展了红外波段响应范围,提高了夜天光的光谱利用率,分辨率达到 38 线对/毫米,噪声因子下降了 70%,夜间观察距离较二代提高了 30%~50%。

整体性能与三代管相当,做到先进性、实用性、经济性的统一。同时,超二代技术正由平面近贴管向曲面倒像管发展,探测波段继续延伸,性能将会进一步提高,有可能解决主被动合一、微光与红外融合的问题,具有极大的发展潜力和广泛的应用前景。

四代微光夜视技术

四代微光夜视技术的核心技术包括去掉防离子反馈膜或具有超薄防离子反馈膜的 MCP 和使用自动门控电源技术的镓砷光阴极。经过工艺技术的改进,四代管的阴极灵敏度达 2000~3000 微安/流明,极限分辨率达 60~90 线对/毫米,且改进了低晕成像技术,在强光下的视觉性能得到增强。

诺斯罗普·格鲁曼公司的利顿电光系统分部根据"Omnibus V"夜视合同向用户提供 AN/PVS-7E 无膜四代微光夜视眼镜、AN/PVS-14 单(双)目微光夜视眼镜、AN/AVS-6 飞行员夜视眼镜和 AN/PVS-17 微光夜瞄镜等夜视产品。

AN/PVS-14 夜视镜

2009年6月,美国ITT公司在美国陆军的支持下,成功试制了数字增强型夜视镜ENVG(D)的原理样机。ENVG(D)采用数字传感器——MCP CMOS取代了传统的像增强器,提供微光增强数字视频与热红外视频实现实时融合,将单兵作战人员及战场指挥人员的通信连接起来,建立数字战场网络,可将任意终端的数字图像导入到数字战场网络共享,极大增强了战场态势感知能力,是美国陆军与美国ITT公司投入4亿美元力推的未来战场技术。

数字增强型夜视镜ENVG(D)

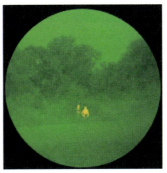

ENVG(D)单路微光与叠加红外图像的彩色融合效果

由加拿大GSCI公司开发的微光/热红外融合夜视成像系统DSQ-

20 "QUADRO",采用超二代或超三代像增强器和长波非制冷热像组件（探测器阵列规模 160×120），并配备近红外激光照明设备，可手持或佩戴头盔使用。

DSQ-20 彩色夜视仪

夜视图像

红外图像

混合后的图像

DSQ-20 夜视/红外融合效果

微光夜视技术的发展离不开光电阴极、光纤面板、微通道板、封接材料等核心材料的技术突破。随着微机械加工技术、半导体技术、电子处理技术的不断发展，微光夜视技术已突破传统微光像增强器的技术范畴，形成一些新的技术动态和发展方向，主要体现在以下几个方面。

（1）新一代高性能微光夜视技术。以无防离子反馈膜的体导电玻璃 MCP 和使用自动门控电源技术的镓砷光阴极为特征的四代微光夜视技术代表了当前传统微光像增强器领域的主要发展方向，即大视场、高清晰、远视距、长寿命、全天候、多功能等方向发展，也对基础原材料提出了更高的要求：宽光谱响应、高动态范围、高分辨率、高信噪比、低缺陷等。

（2）微光与红外融合夜视技术。从应用环境上来看：微光夜视可以应用于山区、沙漠等热对比度小的环境，而红外夜视在雾霾、雨雪等低能见度环境下具有明显优势，可见二者互有利弊、互相补充、不可替代，研究微光与红外融合技术是当前夜视技术的重要发展方向之一。

（3）数字化微光夜视技术。把微光像增强器通过光纤光锥或中继透镜与 CCD 或 CMOS 等固体视频型图像传感器耦合为一体，可实现微光图像转变为数字图像传输。

（4）全固体微光夜视技术。传统的微光像增强器属于电真空器件，对元件气密性和真空封结技术要求严苛，生产工艺复杂、合格率低、成本很高。随着科学技术的发展，一种新型的全固体微光夜视技术悄然兴起，并迅速成为国内外研究热点，代表了微光夜视技术的未来发展趋势。

作为"夜战主义"的崇拜者，第二次世界大战时期的苏联红军利用夜战行动相对安全的特点，不断取得夜战方面的优势，最终战胜了德国陆军。柏林战役是苏联红军夜间作战发展的一个顶峰，在战役中运用了朱可夫元帅颇为喜好的"照灯"战术，这种战术通过间隔约 200 米布放 140 盏探照灯，使德军在一片灯光的海洋中变成"瞎子"，苏联红军的坦克和步兵则在强光的指引下向

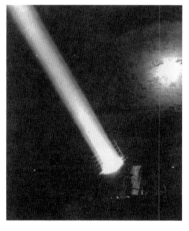

"照灯"战术

黑暗中的目标发起进攻。

制夜权的"周密准备"从装备技术的角度来看，不仅体现在黑夜中的战场信息感知能力，也体现在对敌军黑夜信息感知装备的对抗能力，尤其是在夜视技术广泛应用的现代战场，如何实现对微光夜视装备的有效对抗，如何压制和降低敌方夜视装备的探测能力，对于我军在黑夜进攻作战中形成压制作战能力，对于赢得黑夜作战中的战场主动权，赢得夜间作战的胜利，具有至关重要的作用。

战场上的坦克杀手
——"标枪"反坦克导弹

2022年爆发了俄乌冲突，美国为乌克兰提供大量的"标枪"（Javelin）反坦克导弹，给俄罗斯地面部队造成极大损失。据乌克兰国防部2022年3月战报，乌军已摧毁俄军251辆坦克、939辆装甲车和105套火炮系统以及大量其他装备。截至7月5日美国国防部报道，向乌克兰提供超过6500套"标枪"反坦克导弹，使用的首批112枚"标枪"反坦克导弹中，有100枚以直接或者间接的方式命中了目标，综合命中率高达89%。

俄军坦克被摧毁现场残骸

虽然俄乌双方就"标枪"反坦克导弹击毁俄军坦克装甲的数字存在纷争,但不可否认的是,基辅近郊、顿巴斯存在着大量的俄军坦克和装甲车被"攻顶"后的残骸,"标枪"反坦克导弹成了俄乌战场上不折不扣的"坦克杀手"。

"标枪"反坦克导弹的生平履历

迄今为止,世界反坦克导弹已经发展了四代。"标枪"反坦克导弹源于1984年美国陆军的先进反坦克武器系统技术预研项目。俗话说"需求牵引,技术推动",作战需求是拉动武器装备发展的原始动力,而科学技术则是武器装备物化的推动力。关于反坦克导弹的需求,美国陆军是这样描述的:可由单兵携带/部署;射程大于2000米;破甲厚度不低于现役型号;在任何时间/任何天气条件下进行有效射击;导引过程自动化;抗光学干扰;可击毁反应式装甲;可进行攻顶式攻击;可对战场上的其他目标实施有效打击。

美国陆军的反坦克导弹

FGM-148"标枪"反坦克导弹是第三代反坦克导弹的杰出代表,由美国雷神公司和洛克希德·马丁公司联合研制,1989年开始研制,1994年生产,1996年装备美国陆军,用以取代"龙"式反坦克导弹。

 光电威胁篇

"标枪"反坦克导弹作为一种精确打击战术武器系统,是反坦克/装甲武器发展史上的一个里程碑,被视为世界上第一种"发射后不管"的反坦克导弹,也认为是世界上最好的肩扛发射的反坦克导弹。

FGM-148"标枪"反坦克导弹

"标枪"反坦克导弹全系统总重22.5千克,其中发射控制及瞄准装置6.24千克,导弹发射筒4.08千克,导弹11.8千克,导弹长1.08米,弹径12.7厘米。"标枪"采用长波红外制导方式,是一种自主制导的反坦克导弹,可以全天候作战,有效攻击距离2000米。

射击中的"标枪"反坦克导弹

"标枪"反坦克导弹全系统包括发射控制单元（CLU）和发射弹体。CLU 包含日视器、夜视瞄准器（NVS）、控制装置、状态显示器、目镜、手柄和电池仓等，CLU 是系统中可重用的部分。

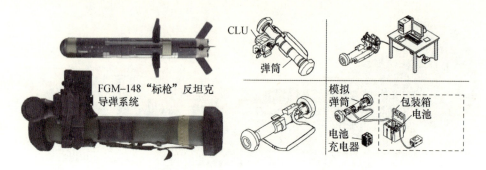

"标枪"反坦克导弹全系统构成

发射弹体包括导弹、发射管配件、电池冷却单元（BCU），导弹包括红外成像导引头、制导部、战斗部、折叠翼、发动机、控制部和舵片。

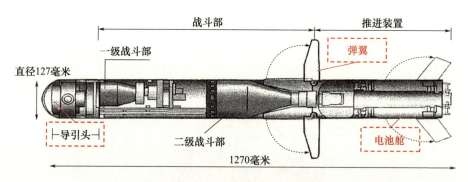

"标枪"反坦克导弹的主要构成

其中，红外成像导引头具有 64×64 的碲镉汞阵列，红外辐射的敏感波段为 8~12 微米；制导部件核心是数字成像芯片，在导弹飞向目标过程中，成像芯片捕获目标电子图像，并对目标实时识别与跟踪。

 光电威胁篇

"标枪"反坦克导弹捕获目标图像

"标枪"反坦克导弹拥有串联破甲战斗部,目前能查到的其垂直破甲深度有两个数据:1000毫米和750毫米。在导弹飞出发射筒后,折叠翼展开,稳定导弹飞行;发动机动力装置包括起飞发动机和续航发动机,控制部通过控制续航发动机和舵片来控制导弹飞行轨迹。

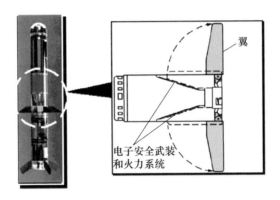

"标枪"反坦克导弹的折叠翼

BCU由电池部分和压缩气体冷却剂部分组成,压缩气体冷却剂是一个一次性使用的单元,运行时间为4分钟,不能充电,在导弹发射前,电池部分为导弹电子设备供电,冷却剂部分将导弹导引头冷却到其工作温度,冷却时间约为10秒,一旦导弹发射完毕,用完的BCU将与发射管一起丢弃。如果4分钟内未完成锁定和发射,则需更换BCU装置。

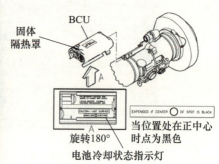

"标枪"反坦克导弹的电池冷却装置

"标枪"反坦克导弹主要系统参数如下表所列。

FGM-148"标枪"反坦克导弹参考数据

基本参数	
导弹长度	1081.2 毫米
发射管长度	1200 毫米
导弹直径	126.9 毫米
发射管直径	140 毫米
导弹系统质量	22.3 千克
导弹质量	11.8 千克
弹头质量	8.4 千克
发射控制单元（CLU）质量	约 6.4 千克
性能参数	
破甲穿深	800 毫米
最大射程	2500 米，改进型延伸至 4000 米
最小射程	65 米（攻顶最小有效交战距离为 150 米）
命中率	92%（美军射手）

续表

性能参数	
转入战斗状态时间	小于 30 秒
重新装填导弹时间	小于 20 秒
火控工作时间	4 小时
导弹电池冷却单元（BCU）	一次性使用，运行时间 4 分钟
飞行时间	2000 米距离不大于 14 秒
最大飞行高度	160 米
各分系统	
导弹系统组成	筒装导弹与 CLU
动力装置	双模固体火箭发动机
战斗部	串联聚能破甲装药，具有双弹头
制导系统	被动红外成像（HR）寻的制导
导引头	碲镉汞阵列元件：64×64 单元（改进 128×128）
	响应波段：8~12 微米
控制方式	推力矢量控制 + 空气动力控制
光学瞄准具	瞄准具有 4 倍白光瞄准和 4 倍、9 倍红外瞄准通道，昼夜作战
观瞄视场	白光观瞄通道
	视场	4.80°×6.40°
	热成像观瞄通道
	宽视场	4.58°×6.11°
	窄视场	2.00°×3.00°

"标枪"反坦克导弹主要有以下技术特点：第一，率先使用焦平面阵列技术，这种技术已成为反坦克导弹的发展方向；第二，可以选择

对目标顶部实施攻击和对目标正面实施攻击两种模式；第三，"标枪"反坦克导弹使用隐蔽式的"软发射"方式。

"标枪"反坦克导弹的性价比着实不敢令人恭维，在20世纪90年代，1套完整的FGM-148"标枪"反坦克导弹系统售价就高达10余万美元，每枚导弹单价约7.5万美元。根据美国陆军部2018年公布的《2019年预算案》，每枚"标枪"反坦克导弹大批量采购价格已涨到17.4万美元。2016年，美国卖给中国台湾省的"标枪"反坦克导弹单价高达27万美元，以"友情价"卖给乌克兰折算单价也高达26.13万美元。

"标枪"系列衍生型号的具体情况如下表所列。

"标枪"反坦克导弹系列衍生型号

型号	具体情况
FGM-148A	1996年推出的初始生产型号，是导弹的基准模型
FGM-148B	导弹的EPP（增强可生产计划）配置
FGM-148C	1999年推出，"标枪"增强型串联集成改进型
FGM-148D	出口型
FGM-148E	增强版，改进的发动机、控制发射单元；升级软件、可对付更多种类的目标，2017财年投入生产
FGM-148F	采用多用途弹头，提高针对"软目标"的性能
FGM-148G	改进射管组件和电池单元，导弹导引头不需冷却

"标枪"反坦克导弹的作战使用

关于"标枪"反坦克导弹的制导方式：射手在发射之前，通过红外瞄准器对目标坦克进行图像采集，导弹在飞出之后，根据之前的图像对目标进行对比，将图像中的目标与当前视场中的目标进行比对，如果吻合，确认是同一个目标，则解锁引导导弹打击目标。

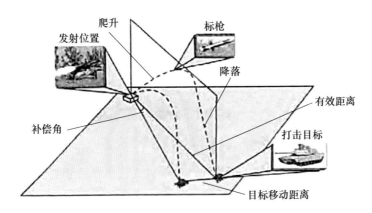

"标枪"反坦克导弹制导过程示意图

发射"标枪"反坦克导弹时,射手可采用站、跪、卧及坐姿发射,既可由士兵单独操作,也可由两三个人的小组操作,又可以安装在轮式或两栖车辆上发射,具有昼夜作战和发射后不管的优点。

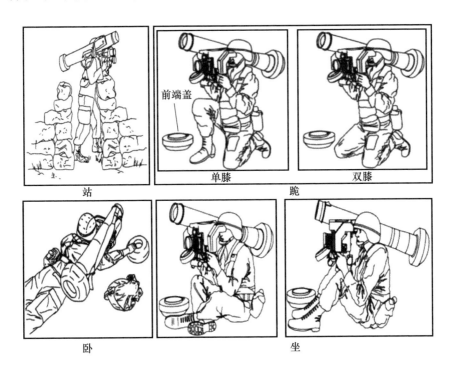

"标枪"反坦克导弹射手发射姿势

"标枪"反坦克导弹系统具有两种攻击模式：攻顶模式和直攻模式。攻顶模式主要用于反主战坦克和装甲车目标，直攻模式主要用于打击防御工事及非装甲目标。

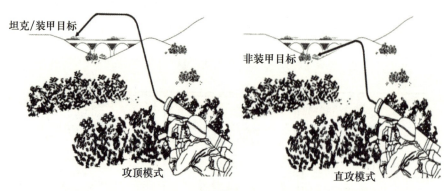

"标枪"反坦克导弹的攻击模式

"标枪"反坦克导弹的发射过程如下。

（1）目标搜索/识别/瞄准/锁定过程：射手使用CLU寻找搜索和识别目标。日视镜在白天用来进行监视和目标探测。夜视镜有两种视场：宽视场（放大4倍）被用作监视和目标检测的主扫描视场，窄视场（放大9倍）用于目标分类和识别。识别到目标之后，切换到导弹的红外制导回路。导引头被激活后，导引头视场开始捕获跟踪目标，并建立锁定，保证预打击目标处于红外瞄准器十字丝的中心位置，这样可以保证导弹导引头视轴与目标处于同一个平面上，可以有少量的偏差，该偏差将通过后期制导回路修正。一旦目标被成功锁定，导弹

即处于待发射状态。

（2）发射和飞行过程：在进行作战时，导弹以18°的高低角发射，发射过程分为起飞和续航两个过程。起飞过程中用100毫秒时间点燃起飞发动机，起飞发动机工作使导弹低速飞出，导弹折叠翼展开。续航过程中导弹飞出3米达到安全距离，再点燃续航发动机，续航发动机工作使导弹高速飞行。导弹发射后，导引头制导系统对目标进行持续跟踪，制导系统向执行器发送控制信号，引导导弹飞行，最终击中目标。该过程自动导引至目标，做到发射后不管。

（3）最终打击目标："标枪"反坦克导弹默认攻顶模式，"顶部打击"使导弹在飞行过程中绕过了坦克部分反导弹措施，如烟幕弹，可打击坦克装甲最为薄弱的顶部。

发射中的"标枪"反坦克导弹

在攻顶模式下，采用高抛弹道，导弹发射后向上爬升，从上往下攻击坦克炮塔，攻顶模式时弹道高度为150米。由于标枪导弹采用管式发射和自动寻的，射出后马上就能自动导向目标。不过刚出管导弹初速较低，舵效不明显，所以在最初100米内飞行动作比较迟钝，难以做出大角度转向，所以将最初100米范围确定为最小射击距离，在此距离内，导弹不能保证有效命中，仅仅相当于1发火箭弹。导弹对

2000米处目标攻击时飞行时间约为14.5秒。从飞行路线可以看出,导弹在根据射程不同在距目标300~700米左右转入直线攻击弹道。

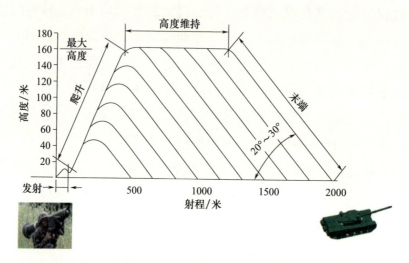

攻顶模式"标枪"反坦克导弹飞行曲线图

在直攻模式下,导弹在更直接的路径上飞向目标。导弹在目标的侧面(前、后或侧翼)撞击和引爆,最小交战距离为65米。如下图所示的导弹飞行路径的精确轮廓取决于到目标的距离,并由导弹的机载软件自动确定。2000米的目标,导弹达需要达到战场上空约60米的高度。

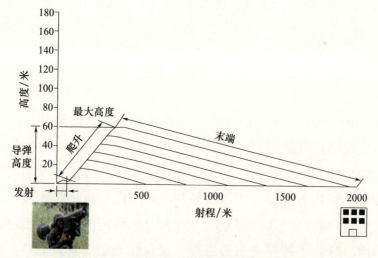

直攻模式"标枪"反坦克导弹飞行曲线图

"标枪"反坦克导弹对发射阵地的要求也很高,导弹的尾焰区长达25米,以这个距离为半径的60°扇形范围内既不能有墙体、土堆之类

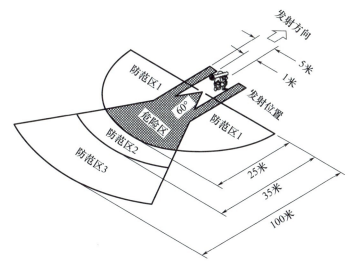

"标枪"反坦克导弹安全发射区域

能将尾焰折射回来的障碍物,更不能站人,大大缩小了阵地的选择范围。

"标枪"反坦克导弹的反制设想

"标枪"反坦克导弹具备对坦克、装甲车辆、固定目标的攻击能力,兼具反直升机能力,对战场坦克、装甲平台构成巨大威胁。坦克装甲车辆的防御性和生存能力的提升,主要体现在:提升探测性、增强隐身性、避免被击中、增强抗弹性和降低脆弱性几个方面。"凡事预则立",我们可以结合"标枪"反坦克导弹的作战过程、特点以及坦克装甲车辆的防御性和生存能力特点,分析针对"标枪"导弹的反制防护措施。

(1)加强隐蔽措施。针对反坦克导弹所能利用到的探测、制导环节出发,有针对性地加强坦克/装甲的隐蔽手段:①表面涂层,主要有防红外漆、防雷达波涂层、可吸收全频雷达波的纳米材料;②通过结

构构造设计实现雷达隐形。

（2）增加装甲防护。为减小遭受打击的可能和降低打击损伤，可通过以下手段增强被动防护能力。①通过结构性设计增强防护，在设计上充分利用坦克部件和设备对乘员进行保护；②高性能装甲，主要有合金装甲、复合装甲、贫铀装甲、反应装甲等，最近还发明出了"电子装甲"。

有专家指出，试图主要通过增加装甲厚度、采用新型装甲材料、进行特殊设计等被动防御手段，来增强坦克装甲车辆防护力越来越困难，这样不仅大大增加重量和成本，还会显著降低灵活性和机动力并加大耗油量，坦克的整体战斗力反而可能减弱。

俄罗斯用笼式装甲加强坦克脆弱的顶部防御，以抵御来自顶部的攻击，但仍有相当多加装这种"铁帽子"的俄罗斯坦克还是被"标枪"等攻顶弹药直接摧毁。

加装"铁帽子"的俄军坦克及被击毁现场

（3）主动防御系统。发展软硬结合的智能综合主动防御系统，分为干扰诱偏型、弹道拦截型和智能综合型，包括软杀伤系统和硬杀伤系统。软杀伤系统是利用烟幕弹、干扰机、诱饵及降低特征信号等多种手段迷惑和欺骗来袭的敌方导弹。硬杀伤系统是一种近距离反导防

光电威胁篇

御系统,系统工作时,在车辆周围的安全距离上构成一道主动火力圈,在敌方导弹或炮弹击中车辆前对其进行拦截和摧毁,破坏或减少其威胁。

综合主动防御系统

通过雷达和光电等探测装置,感知并获取来袭反坦克反装甲弹药的运动轨迹和特征,通过计算机控制对抗装置,阻止来袭弹药直接命中坦克装甲车辆。

黑暗精灵的"暴风之锤"
——美国小直径精确制导弹药

现代化战争是以导弹等精确制导武器攻防对抗为核心的高技术战争，是体系对抗与反制措施、"矛"与"盾"之间的博弈。导引技术的发展决定了导弹的总体性能，从而影响未来的作战模式的走向。

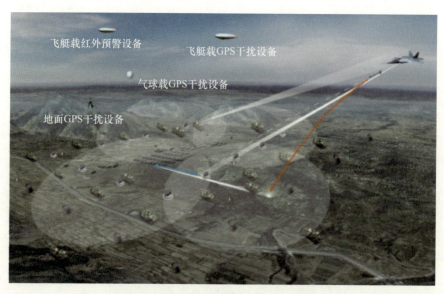

精确制导武器攻防对抗的现代战场

 光电威胁篇

日趋复杂多变的现代战场环境，各种干扰手段不断涌现。单一制导模式的局限性已难以满足复杂战场环境及各种干扰条件下的作战需求，发展多模复合导引头是未来制导武器的发展趋势（下表）。多模复合导引头弥补了单模制导的缺陷，能利用各种传感器的优点，提高制导武器的作战效能和作战能力，已得到广泛发展。

单一制导模式的特点和局限性

制导模式	特点	局限性
电视制导	分辨率高、不受电磁干扰	不能全天时使用，无距离信息
红外制导	被动探测、抗电子干扰、测角精度高	无距离信息，受辐射特性影响，全天候适应性差
半主动激光制导	抗电子干扰、适应不同背景、高制导精度	受环境影响大，不适应全天候作战
雷达制导	作战距离远、测量信息全、全天候使用	受电子干扰、目标材质、运动状态影响

多模复合导引头是相对于单模导引头的提法，即将两种以上的导引功能进行复合设计并集成在一个整机上，且多模之间有信息传递（多种模式接替、交替或并行工作，实现数据关联、融合）的导引头。多模导引头发挥不同导引模式的优点，形成优势互补，提高导引头探测距离、跟踪制导精度、多种目标类型覆盖、复杂环境适应能力等，最终提高制导武器命中概率。

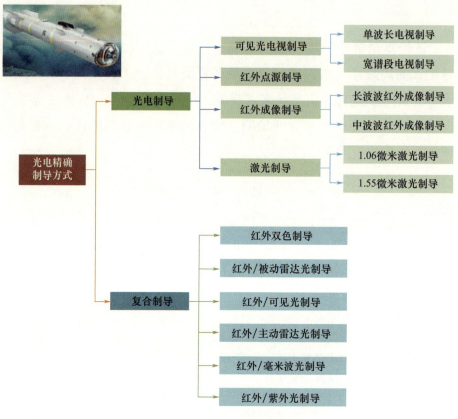

多模复合导引头和单模导引头

在对地攻击方面，针对反要地、时敏目标、反辐射、反装甲等对地作战任务，制导技术需要重点解决对地固定或时敏目标的高精度探测、地物遮蔽场景下的目标探测/识别、辐射源诱饵识别等问题，同时需要解决遮蔽场景下目标探测和识别问题，实现陆上目标的有效探测和识别、辐射源诱饵识别等，牵引被动雷达/雷达成像匹配、主动雷达成像/被动雷达、主动雷达成像/红外、主动雷达成像/红外/激光、红外/激光等复合体制技术发展，实现复杂地物背景下的动态目标的米级打击能力。

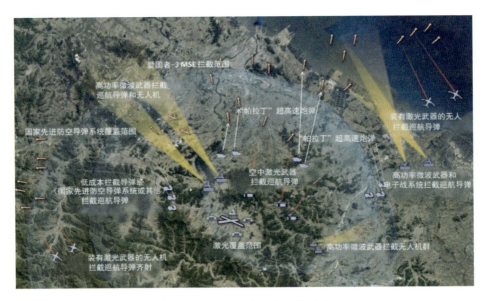

面临复杂作战环境的对地攻击

20世纪70年代初,以美国为代表的西方国家最先开展红外/紫外单体制双波段复合技术研究,20世纪70年代末逐步向搜索雷达/红外双模复合拓展,20世纪80年代开始搜索雷达多波段单体制的多模复合方式。20世纪90年代后期,在科索沃战争中,由于南联盟地面雷达采用了"电子静默"与"雷达接力"等技术措施,使美国"哈姆"反辐射导弹命中率大大降低,促使美国大力发展主/被动雷达双体制多模复合为代表的复合导引技术、毫米波雷达/红外双体制多频段导引技术。21世纪初,开始探索雷达、激光与红外多体制多模复合方式。2010年以来,各国加大多模复合导引头技术的研究力度,并逐渐形成多种体制和型号,主要包括电视/红外、红外/毫米波、激光/毫米波、激光/红外、激光/红外/毫米波等复合制导技术。

目前,典型的多模复合制导弹药有双模/三模制导的联合空地导弹、双模硫磺石导弹、双模制导长钉系列反坦克导弹、双模制导的中程反坦克导弹、三模制导的 GBU-53 SDB-Ⅱ 小直径制导炸弹等。

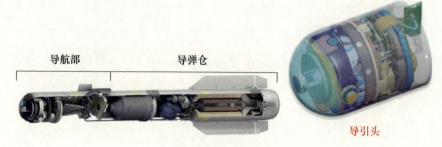

联合空地导弹导引头

多模复合制导炸弹的典型代表是美国的GBU-53 SDB-Ⅱ小直径制导炸弹，也称"暴风之锤"。海湾战争后，美国空军决定研制小尺寸制导炸弹，能打击典型空袭中80%以上的目标类型，包括基础工事、油库、控制通信中心、防空导弹基地、机场等，并且增加飞机的载弹量，同时降低附带损伤。

小直径炸弹是一种新概念武器，小直径炸弹的制导系统精度很高，圆概率误差只有5~8米，属于精确制导武器，由于体积小，每架作战飞机将能携带更多的小直径炸弹，打击更多的目标，使作战效率倍增。此外，小直径炸弹的炸药较少，但精度高，能有效地减少附带杀伤，更适合在城市等敏感地区使用。

小直径制导炸弹作战概念图

F-22、F-35等五代战斗机隐身作战时，受弹舱尺寸限制，每个内置弹舱仅可挂载1枚454千克的联合直接攻击弹药，即一次对地攻击任务至多打击两个目标，极大限制了隐身飞机的对地攻击能力。为提高内置弹舱的弹药挂载数量，提高防区外打击能力，2001年7月美军提出了对小型化炸弹的具体需求，要求弹药质量为113千克左右，长度小于1.83米，以便保证采用四联装挂架时，F-22战斗机每个内置弹舱可挂载4枚弹药。

第一代小直径炸弹

美国空军特别强调了以下两个方面：一是目前的主力战斗机在未来作战中必须拥有一种更加先进的全天候精确制导武器，不仅能有效地摧毁预定范围内的目标，达到致命的攻击效果，而且能使其对周围环境产生的间接损伤减小到最低；二是现役的F-17、B-2隐身飞机和F/A-22战斗机迫切需要一种更加小型化的精确打击武器，从而增加机身内部的载弹数量，能在减少出动次数的前提下，提高摧毁地面目标的数目。

2010年F-22A战斗机投射四枚SDB I

2003年,波音公司获得了第一代小直径炸弹(SDB I)合同,研制了GBU-39/B SDB I,可从110千米的防区外打击桥梁等固定目标,可穿透1.8米深的钢筋水泥结构。2006年开始装备美军,可由美国空军F-15E、F-16、F-117A、B-1、B-2、F-22战斗机和AC-130W飞机挂载。F-22战斗机可内挂8枚,F-15E战斗机可外挂20枚,载弹量增加为原来的4倍。

小直径炸弹的挂载弹舱

 光电威胁篇

但由于 SDB I 采用的是差分全球定位系统/惯性导航系统（GPS/INS）的组合制导方式，只能打击固定目标；美国空军根据新的作战需求，提出了第二代小直径炸弹的研制目标，要求在 SDB I 的能力基础上，增加全天时和全天候攻击移动目标的能力。

第二代小直径炸弹

2005 年 9 月，美军启动 SDB II 的竞标，参与竞标的分别为雷声公司、波音公司和洛克希德·马丁公司组成的联合团队。2006 年 4 月，美国空军授予两个团队各一份合同，以开展 SDB II 项目初始阶段的竞争。其中雷声公司获得约 1.439 亿美元，波音/洛克希德·马丁公司获得约 1.457 亿美元，合同周期为 42 个月。合同目标为研制可在防区外对活动目标进行全天时全天候攻击的小直径炸弹。雷声公司的 SDB II 编号为 GBU-53，波音公司的 SDB II 编号为 GBU-40。

GBU-39 和 GBU-53

2010年8月9日，雷声公司再次赢得美国空军和海军价值4.508亿美元的 SDB Ⅱ 合同，首装空军的 F-15E 飞机，定型后装备海军 F-35B/C 和 F/A-18E/F 飞机。2011年8月，雷声公司在实验室对 SDB Ⅱ 的三模导引头进行系列试验，导引头的半主动激光传感器、非制冷红外传感器和毫米波雷达三种传感器能无缝共享瞄准信息，具备在黑夜、烟雾、灰尘或者恶劣天气情况下识别、打击固定或移动目标的能力；2011年12月，完成对 SDB Ⅱ 三模导引头的系列捕获飞行试验；2012年7月17日，F-15E 战斗机在飞行中投放 SDB Ⅱ，通过三模导引头捕获、跟踪并制导飞向机动目标，最终成功命中目标，这是 SDB Ⅱ 项目的里程碑，标志着研制工作取得重大进展。

F-15E 战斗机投放 SDB Ⅱ 样弹

2013年2月，美国空军与雷声公司成功完成SDB Ⅱ与F-35战斗机的兼容性测试；2014年6月，完成SDB Ⅱ系统验证评审；2014年11月，首次进行实弹测试。2015年2月，美国空军在新墨西哥州白沙导弹试验场使用F-15E战斗机完成了2次实弹投放飞行试验，验证了该弹探测、跟踪和毁伤地面机动目标的能力；2015年5月，SDB Ⅱ成功完成功能配置审查、生产完备性评审以及系统鉴定评审，标志SDB Ⅱ项目达到又一里程碑，开始低速率生产。

小直径打击地面机动目标

2015年6月，美国国防部与雷声公司签订了3100万美元合同，采购第一批次144枚SDB Ⅱ和12枚训练弹，首装飞机为空军的F-15E和海军的F/A-18E/F战斗机，后续将装备F-16、F-22A、F-35A、A-10、B-2、B-1B、B-52和MQ-9等飞机。2016年7月，美国空军和雷声公司进行了SDB Ⅱ的协同攻击模式和激光照射攻击模式飞行试验，在针对固定目标协同攻击模式下，SDB Ⅱ利用GPS和惯导进行制导，投放距离达64千米；2017年10月，美国国务院批准澳大利亚采购SDB Ⅱ的申请，合同价值为8.15亿美元，挂载于澳大利亚空军的F-35A飞机上，目的是增强其联合作战能力，特别是执行全天候地面打击任务能力；2017年12月，雷声公司完成首批144枚SDB Ⅱ的生产，并继续量产第二批和第三批（共计312枚），SDB Ⅱ进入全速率生产阶段；2018年7月，进入实战测试阶段，验证该弹能否在恶劣气象条件中摧毁战场上的移动目标；2020年6月，F/A-18E/F战斗机首次完成 SDB Ⅱ 的制导投放试验；2020 年 10 月，美国空军批准 SDB Ⅱ 装备 F-15E 飞机，标志着其完成研制并正式列装。

F-15E 战斗机上的 SDB Ⅱ

GBU-53 SDB Ⅱ 小直径炸弹直径 180 毫米，弹长 1.76 米，质量 93 千克，无动力，最大射程 100 千米，尺寸与 GBU-39 SDB 接近，但质量更轻，头部为透明结构，以满足三模导引头对红外和激光的要求，并大大提升了飞机的载弹量。SDB Ⅱ 弹体内部组成如图所示，主要包括安装可折叠弹翼的弹体、三模导引头、GPS/INS 组件、弹出式空气涡轮发电机、弹翼驱动电机、可编程引信、聚能-爆破多效应战斗部、任务计算机、热电池、舵机、弹载数据链设备，尾部有针形和刀形天线，分别用于接收 GPS 和弹载数据链信号。其中，三模导引头和弹载数据链是 SDB Ⅱ 的最大特点。

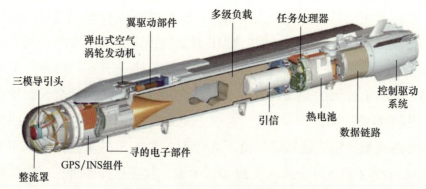

GBU-53/B SDB Ⅱ 内部设计图

（1）三模导引头。SDB Ⅱ的三模导引头包含半主动激光探测传感器、非制冷长波红外成像传感器和毫米波雷达，为世界上首款三模复合制导导引头。

GBU-53/B SDB Ⅱ三模导引头

半主动激光传感器可以接收空中或地面的激光指示器照射目标后返回的激光信号，引导炸弹精确打击；非制冷红外成像传感器采用卡塞格林光学结构，通过感知目标的红外温度特征形成图像，并进行精确的目标识别；毫米波雷达可以利用电磁波穿透特性，在烟雾、灰尘等恶劣气象条件下快速检测移动目标。三种传感器单独的制导技术都已成熟，难度是如何将它们集成为体积很小的组件，并且可以通过数据融合和工作模式控制实现三种传感器探测的无缝共享，最终实现该武器全天时全天候条件下对固定或移动目标的打击。

（2）弹载数据链设备。SDB Ⅱ的弹载数据链设备安装于弹体后部，采用的是美国柯林斯公司TacNet弹载数据链组件。弹载数据链使SDB Ⅱ成为网络化武器，极大丰富了战斗机对地攻击的使用模式。

SDB Ⅱ 的弹载数据链组件

（3）BRU-61/A 挂架。BRU-61/A 挂架由 Cobham 公司研制，是世界上第一种气动弹射多弹挂架；BRU-61/A 挂架能够实现在飞机一个内置或者外挂点上挂载 4 枚 SDB，可有效增加飞机载弹量。

SDB Ⅱ 的 BRU-61/A 挂架

BRU-61/A 挂架空质量为 147 千克，长度为 363 厘米，宽 40.6 厘米，高 40.6 厘米。BRU-61/A 挂架具有易于在线规划、符合 UAI 接口、清洁气动弹射、易于维护、低生命周期成本、便于分离等优点，适用于战斗机、轰炸机和无人机。2006 年，随同 GBU-39 炸弹挂载到 F-15E、F-22、F-35 等战斗机上，SDB Ⅱ 沿用了该挂架。

（4）任务规划系统。为了提高各弹的协同能力，需要对每枚弹进行自动的航路规划。SDB Ⅱ 使用美军联合任务规划系统，可以在飞行前或者飞行中进行快速、灵活、简单的规划。

SDB Ⅱ 小直径炸弹的主要特点为：

（1）适装性好，挂装数量多。作为第二代小直径炸弹，雷声公司的 GBU-53/B 炸弹继承了波音公司的 SDB Ⅰ GBU-39/B 小型化特点，弹药尺寸、质量、射程和挂载方式保持不变，几乎适装美国空军、海军所有飞机平台，使用四联装挂架既可以内埋挂载，也可以外置挂载；弹药的高密度挂载，极大增强了多目标的打击能力和单次任务作战效率。

（2）具备复杂作战条件下的精确打击能力。采用三模导引头，具备在各种复杂作战条件下的精确打击能力。综合激光制导的高打击精度、红外成像便于目标识别以及毫米波传感器的穿透性和对移动目标跟踪能力强的特点，具备全天候、高精度打击能力；作战对象涵盖机库、桥梁和移动车辆等各型固定和移动目标，可适应未来战场复杂多变的作战场景，具有极强的作战灵活性。

（3）具备网络化作战能力。SDB Ⅱ加装数据链，在武器节点上实现了美军近年来大力推动的网络中心战作战理论，贯通了指挥所－载机平台－武器弹药的信息链路，极大缩短了观察、判断、决策、行动

陆基发射型"小直径炸弹"发射效果图 ▼

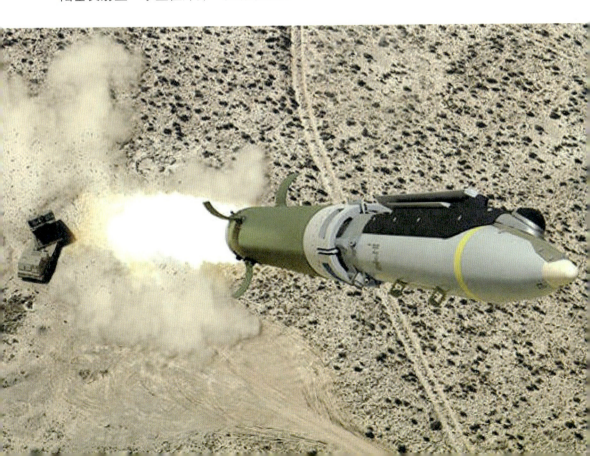

（OODA）循环时间。通过弹载数据链，可以实现炸弹投放后再瞄准，有利于实现炸弹的集群攻击、多目标攻击等各种战术。同时，通过炸弹信息和探测信息的回传，使载机及指挥所能及时掌握打击效果和战场态势信息。

随着作战目标的多样化、作战领域的拓展、作战环境的日益复杂，美、俄等军事强国为提高精确制导武器的战术性能，都在积极发展多模复合制导技术和装备，英、德、法、以色列等军事强国紧随其后，小直径精确制导弹药的广泛应用，对现代战场目标防护构成巨大威胁，尤其是小直径精确制导弹药难于探测发现、难于目标捕获，如何应对，值得我们深思。

"来自星星的你"的眼神
——光电战略侦察的战场应用

《来自星星的你》是由韩国金秀贤、全智贤主演，风靡全球、大热的爱情喜剧，广受年轻人的喜爱，这里的"来自星星的你"的眼神，意指来自战场上太空、空中的光电战略侦察系统，时刻监视着地面的风吹草动，深邃而幽静。战略侦察是军事侦察的重要组成部分，其利用各种途径和手段，查明敌方的战略部署和企图、武装力量情况、备战措施、战争潜力、军政人物、社会情况；查明战区的地理、气象等情况；查明世界战略形势的变化对战争进程的影响等；重点查明敌发动战争的直接准备程度，核武器的部署，重兵集团的集结地域，主要突击方向，实施突击特别是核突击的时机、方式等情况。

光电战略侦察是利用卫星、飞机等平台，采用光电技术手段，对敌实施全天时、大范围的战场监视、导弹预警、目标捕获、定点详查等，其已成为战场夺取信息优势的重要手段。对手的光电战略侦察手段，也是己方光电对抗装备的主要作战对象。

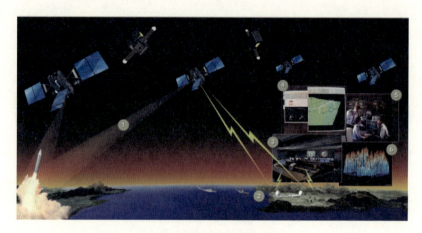

战场上的光电战略侦察

天基红外预警系统

在天基光学侦察方面,美军已形成以"锁眼"(KH)系列卫星为代表的光学侦察卫星、以"伊科诺斯"(IKONOS)卫星为代表的高分辨率商业遥感卫星等组成的天基侦察传感器信息网,其对地分辨率已分别达1米和0.1米,可侦察辨认军事基地、桥梁、飞机、舰船、道路、港口、车辆等,可为其作战计划的制定提供全面、精确、完整的信息,为其作战的指挥控制提供实时的战场态势信息。

IKONOS卫星拍摄的我某机场照片

 光电威胁篇

典型光学侦察卫星有：美国的KH-11/12/8X，法国的SPOT系列卫星、日本光学照相侦察卫星IGS-3A/4A。美国KH系列光学侦察卫星的主要光电探测设备有：红外相机、电荷耦合器件（Charge-Coupled Device，CCD）相机、多光谱相机、多光谱扫描仪和电视摄像机；KH-12卫星在约300千米轨道高度时的可见光相机的地面分辨率可达0.1米，能在光线不足或全黑的条件下拍摄地面目标；CCD相机普查分辨率为1~3米，详查分辨率为0.1~0.15米；多光谱相机对地面景物的分辨率已可达5~10米，多光谱扫描仪能提供24个波段以上的照片，地面分辨率有20米左右。电视摄像机地面分辨率可高达0.1米。

在红外战略预警卫星方面，利用卫星探测对方导弹阵地的部署情况，初步确定可能的攻击方向，对弹道导弹发射、中段飞行跟踪和落点进行了预测，其预警信息可用于为攻击作战部队指示导弹发射点，以摧毁对方的导弹阵地；确定反导武器系统的最佳部署位置，使其能够发挥最大作战能力；向可能的被攻击目标发出警报，以便及时采取各种被动防御措施，如对抗、疏散、隐蔽、加固等。

利用预警卫星探测对方导弹的发射，确定其发射地点和时间，初步判断出导弹类型、初始弹道、落点和到达落点的时间等，其预警信息可用于引导反导武器系统的搜索雷达，以便及时地在更远的距离探测到威胁目标，为实施反导作战赢得所需的准备时间；根据对发射点的判断，引导攻击部队摧毁对方导弹发射阵地；根据对落点的判断，向被攻击地区发布警报，以便采取相应的被动防御措施。

在天基红外预警探测方面，美国的国防战略支援计划（Defense Support Program，DSP）卫星已经部署到第四代，新型的天基红外系统（Space-based Infrared System，SBIRS）正在部署，可监视全球的洲际弹道导弹发射场。该系统能够对洲际弹道导弹、潜射弹道导弹和战区弹道导弹分别提供25分钟、15分钟和5分钟的预警时间。

SBIRS 传感器扫描速度快，灵敏度比 DSP 预警卫星高 10 倍，并具有穿透大气的观察能力和探测更小导弹发射的能力。对弹道导弹发射点定位和弹着点预测的地理坐标精度将由 10 千米提高到千米级，探测识别的实时性由原来的几分钟提高到近实时的程度。

SBIRS 预警卫星的主要作战任务

DSP 通常由 3~5 颗运行在地球同步轨道上的卫星和若干地面接收处理系统组成，DSP 地面接收处理系统包括设在澳大利亚的海外地面站（Ocean Ground Station，OGS）、一个位于欧洲的地面站、美国本土地面站和若干移动地面终端（Mobile Ground Terminal，MGT）组成。3 颗卫星的典型定点位置是：一颗在印度洋上空（东经 60°），用于监视俄罗斯和中国的洲际弹道导弹发射场；另一颗卫星在巴西上空（西经 70°），用于探测核潜艇从美国东海岸以东海域的导弹发射；第三颗卫星在太平洋上空（西经 135°），用于探测核潜艇从美国西海岸以西海域的导弹发射。亚太地区的地面跟踪测控站分别位于澳大利亚松树谷、努兰加尔和关岛。

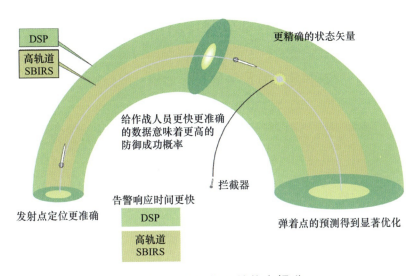

SBIRS 与 DSP 相比的能力提升

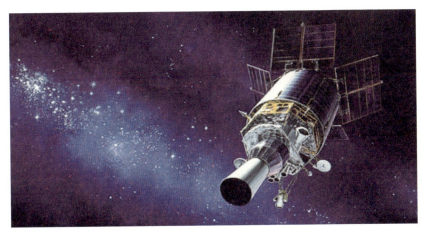

DSP 预警卫星

DSP 以探测导弹助推段喷焰为主,为远程战略导弹预警而设计,因此对于助推段时间较短的战术导弹预警显得力不从心。为此,美国正在发展新型导弹预警卫星系统——SBIRS。

SBIRS 由两部分组成:高轨道部分,包括 4 颗地球同步轨道和 2 颗大椭圆轨道卫星;低轨道部分,包括 20~30 颗近地轨道小卫星,组成一个覆盖全球的卫星网,主要用于跟踪在中段飞行的弹道导弹和弹头,并能引导拦截弹拦截目标。SBIRS 的作战任务包括：为国家作战管理中心提供导弹预警信息；跟踪导弹全过程，为反导系统指引目标；收集导弹特征、现象和其他有价值的目标情报；战场描述，评估毁伤效果、跟踪红外事件，提高战场感知能力。

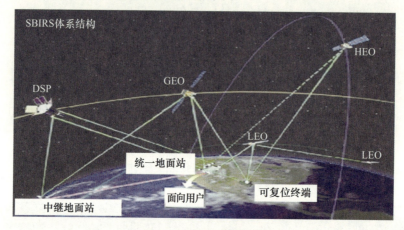

SBIRS 体系架构示意图

（1）天基红外预警系统的高轨道部分（SBIRS-High，含 GEO 和 HEO）。

SBIRS 高轨道部分以 DSP 卫星为基础发展，4 颗地球静止轨道（Geostationary Earth Orbit，GEO）卫星用于监视全球大部分地区，2 颗大椭圆轨道（Highly Elliptical Orbit，HEO）卫星主要监视高纬度地区，即近地点，这是针对经过该区域的弹道导弹而设计的。地面系统包括一个任务控制站（MCS），一个备份的 MCS，一个生存能力强的 MCS，若干海外地面中继站、移动终端和通信链路。

SBIRS GEO

天基红外的高轨道卫星上装有一台高速扫描型探测器和一台与之互补的凝视型探测器。扫描型探测器用一个一维线阵推扫地球的北半球和南半球,对导弹在发射时所喷出的尾焰进行初始探测。然后,它将探测信息提供给凝视探测器,凝视探测器是一个分辨率很高的二维探测阵列,通过对探测到的发射导弹画面拉近放大,并对目标进行跟踪。红外焦平面器件可以凝视、快速成像,用多层滤波装置可迅速从一个波段转换到另一个波段,这与以前用于战术预警和打击评估的扫描、慢速成像和单波段传感器相比有很大改进,可大大提高传感器获取图像的时效性。卫星上所用的扫描型探测器具有比DSP快得多的扫描速度,它同高分辨率凝视型探测器相结合,会使天基红外预警系统卫星的扫描速度和灵敏度比DSP卫星高10倍以上。这些改进使得天基红外预警系统对"飞毛腿"之类的较小导弹发射的探测能力比DSP卫星强得多。

(2)天基红外预警系统的低轨道部分(SBIRS-Low)。

低轨道部分的卫星具有全过程跟踪导弹的能力(不仅在主动段),可为导弹防御系统提供精确的目标数据。此外,低地球轨道(LEO)卫星还有助于实现SBIRS的其他功能,如技术情报侦察和战场描述等。每颗卫星包含两个红外传感器,一个使用短波红外进行宽视场扫描发现导弹助推段喷焰,另一个位于二轴平台上的窄视场凝视传感器用于跟踪发现的目标,并一直跟踪到其中段和再入段,星上计算机根据跟踪信息计算出导弹的弹道,预测其落点,并将信息下传。

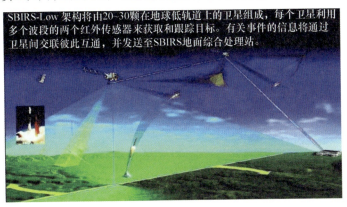

SBIRS-Low 的体系架构图

SBIRS 的高低轨道部分相结合后，具有能看穿大气层和几乎在导弹刚一点火时就能探测到其发射的本领，它可在导弹发射后几十秒内将警报信息传送给地面部队。目标相距 1000 千米时，低轨道卫星中长波红外与长波红外的空间分辨率约为几十米量级，弹头成像为点目标。可见光传感器约为米量级。在深空冷背景下，对室温、弹头大小的物体探测距离可达数万千米。

低轨卫星与高轨卫星相互配合提供全球覆盖监视，主要任务是对导弹进行中段跟踪，为导弹防御系统提供目标识别信息。由于其高度较低，可提供较高的分辨率，也有助于导弹预警、技术侦察和战场描述任务的完成。

2002 年，美国将 SBIRS–Low 改名为空间跟踪与监视系统（Space Tracking and Surveillance System，STSS），STSS 计划由 21~28 颗处于不同轨道面的卫星构成网络，覆盖全球所有区域，星载跟踪相机可对飞行中段的导弹进行持续不断的长时间跟踪，并可获得导弹飞行的大量详细数据，具有导弹发射预警、导弹全程精确跟踪与定位、导弹属性判断、真假目标（诱饵）识别、预估导弹轨道和弹头攻击地点等多种能力。

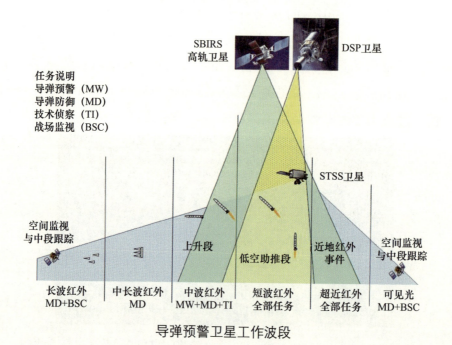

导弹预警卫星工作波段

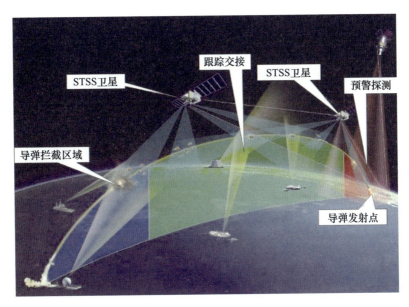

STSS 导弹预警卫星战术示意图

STSS 导弹预警卫星将极大提升美军现有天基导弹预警能力，从而使弹道导弹防御系统能够具备更早和更准确的拦截能力、更智能的探测和拦截行动、更大的防护区域、更高的拦截概率。

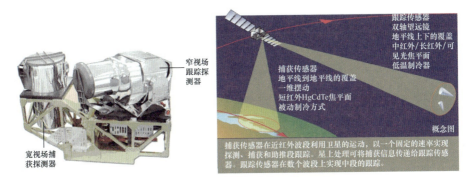

STSS 导弹预警卫星任务载荷使用示意图

"下一代过顶持续红外"（OPIR）卫星是美国下一代导弹预警卫星，主要用于监视和发现敌方的战略弹道导弹，并在导弹发射时发出警报，未来将逐步取代现役的 SBIRS。该卫星与 SBIRS 的高轨道系统相似，都分为极地轨道卫星（太阳同步轨道卫星）和地球同步轨道卫星两种，据称该系统将至少包括 3 颗同步轨道卫星和 2 颗极地卫星。其中，太阳同步轨道卫星负责监控北极上空，主要针对中俄，地球同步轨道卫星负责监控全球。但与现役的 SBIRS 卫星相比，OPIR 卫星的特点是加强了探测能力，同时在面对反卫星武器威胁的时候有更高的生存力。

OPIR 卫星是面向 2030 年左右的下一代导弹预警卫星系统的建设，形成成像侦察卫星、电子侦察卫星和导弹预警卫星三位一体的侦察预警卫星体系。

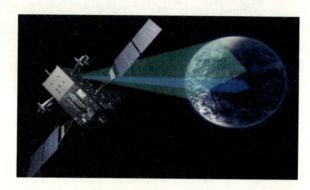

"下一代过顶持续红外"（OPIR）卫星

空基红外预警系统

预警机加装红外预警系统已经成为一种趋势。机载预警及控制系统（Airborne Warning and Control System，AWACS）和 E-2C 等预警飞机常加装红外搜索跟踪系统（Infrared search/track system，IRST），使预警飞机拥有搜寻、捕获和跟踪短程弹道导弹的能力。飞行高度为 10 千米装有 AWACS 的预警机能够用装在旋转圆顶上的 IRST 探测 300~400 千米范围内的战术弹道导弹。

这里以"眼镜蛇球"（Gobra Ball）预警机为例，简要叙述其组成和作战原理：该预警系统属美国空军，有两种主要探测传感器。中波红外探测阵列（Mediumwave Infrared Register Array，MIRA）有两组，每组都由 6 台红外摄像机组成，其视场相互略有交叠，产生略小于 180° 的全景红外图像。实时可见光系统，使用了 8 个捕获和 5 个跟踪传感器组合，记录可见光图像。另外，在机翼前沿上方还有一大口径跟踪系统，在拍摄小目标时有较高的分辨率。该系统能在 400 千米处导弹升空后几秒内就可以探测到它的尾焰，并对导弹进行跟踪。它能精确确定发动机熄火点、弹道曲线、预测拦截碰撞点等。将 DSP 卫星群的红外预警数据与眼镜蛇球的 MIRA 的信息结合起来，一旦探测到导弹发射，就能立即确定导弹的弹道，并计算出导弹飞行的三段路线图，以更加精确地预测拦截碰撞点位置。

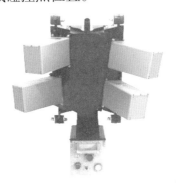

MIRA 系统的告警传感器

门警（Gate Keeper）系统是美国海军为其战术导弹防御（Tactical Missle Defense，TMD）系统研制的探测系统，其中有两个主要传感器子系统。其中红外搜索跟踪器，采用层状结构双波段 960×6 碲镉汞阵列，波段为 3.5~5 微米和 8~12 微米，以每秒 40° 的速度对地面进行搜索扫描。曾采用中红外凝视焦平面阵列（128×128 阵元光伏锑化铟）摄像机，实现角度跟踪器和激光测距。

空中徘徊的"鬼眼"
——"全球鹰"无人机光电侦察系统

2022年3月,日本航空自卫队订购的3架RQ-4B"全球鹰"Block 30(I)无人机中的首架飞抵日本本州北部的三泽空军基地,该基地将成为日本所有3架"全球鹰"无人机的驻地,日本航空自卫队侦察航空队将负责操作该型无人机。2023年,日本航空自卫队在青森县三泽基地成立了使用美国制造的无人侦察机"全球鹰"的侦察航空队,并举行了成立仪式,这是日本自卫队首次启用"全球鹰"无人机,也是对我国周边不断徘徊于空中的"鬼眼"。

日本首架"全球鹰"无人机飞抵三泽空军基地

美国和日本等不断利用无人机机动侦察,以增强地面和空中的监视侦察能力。无人机机动侦察利用无人机和无人侦察车等平台,精确导航到敌方阵地附近进行侦察,经无线通信网络将情报信息回传指挥控制中心,结合影像处理技术对多传感器信息进行融合处理,进行态势分析和威胁等级评估,并对光电目标位置进行精确测定。可以通过多组信息融合处理技术提高系统定位精度,将信息通过数据链路传输给指挥控制系统,由指挥控制系统采取有效的措施进行攻击,达到"制敌先机"的目的。无人机机动侦察是导航、定位、图像情报和信息传输等新技术的完美结合。

MQ-4C "人鱼海神" 海上巡逻远程无人机 ▼

无人机光电侦察一般采用可见光、红外和激光测距组合的方式,并可实时传输图像信息,如美国空军"全球鹰"RQ-4高空长航时无人机、"捕食者"中空长航时无人机,美国陆军的"猎人"RQ-5、"火力侦察兵"、"影子"200、"蜂鸟"A-160无人直升机,美海军"先锋"(Pioneer)无人机、"鹰眼"(Eagle Eye)无人机、X-47无人机,美国海军陆战队"龙眼"背负式无人机、"龙勇士"垂直起降无人机等,均采用此种方式。

MQ-1"捕食者"无人机及MTS多光谱侦察系统

"全球鹰"无人机是目前进行无人侦察的主力机型,也是最昂贵、性能最好的无人侦察机。RQ-4"全球鹰"无人机是诺斯罗普·格鲁曼公司的无人侦察机产品,该无人机类似于20世纪50年代叱咤风云的洛克希德U-2侦察机,可以提供后方指挥官综观战场或是细部目标监视的能力。"全球鹰"无人机飞行高度达18500米,时速650千米,续航时间9.5小时,活动半径5560千米,能将所获合成孔径雷达、可见光及红外侦察信息实时传输给地面接收站。E-2T或E-2C预警机加装红外搜索与跟踪监视系统后,还具备对巡航导弹的预警探测能力。

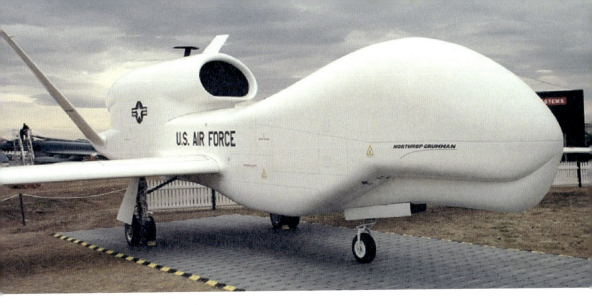

"全球鹰"RQ-4无人机 ▲

"全球鹰"无人机装备的是由雷神公司研制的综合传感器系统,包括位于机头下方的组合式光电/红外传感器,加上其后方的 I/J 波段合成孔径雷达。它通过卫星通信系统与地面控制站(GCS)相链接。主要用于为战地指挥官提供高分辨率、近实时的图像,以便根据战场态势情况进行决策。

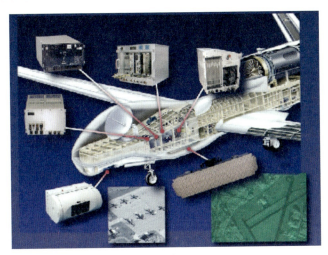

"全球鹰"无人机的主要载荷

传感器系统的特点是采用一体化综合设计,共享硬件设备,包括电子设备、处理器和配电设备。系统整体重量轻、体积小、性能高,操作人员可根据任务需要灵活选择雷达、红外和可见光波长图像。

"全球鹰"无人机装备的光电/红外传感器

"全球鹰"无人机装备的光电/红外传感器主要用于获取可见光波段和红外波段的图像。由此可见,光凝视型焦平面阵和中波红外凝视型焦平面阵列共用一个框架和共孔径光学系统。主光学系统为卡塞格伦式望远系统,长焦系统口径为280毫米,焦距为1750毫米。其中可见光传感器为柯达公司生产的KAI-1010 CCD摄像机,其主要特点是体积小、重量轻、功耗低、灵敏度高、抗冲击振动和寿命长,这使它在无人机中日益获得广泛应用,在昼间图像情报探测设备中占主要地位。CCD摄像机不仅用于监视、侦察和获取实时图像情报任务,还可用于辅助地面操作员遥控驾驶。

2008年于加州北部野外拍摄的场景

由于"全球鹰"无人机光电系统采用了步进凝视成像的技术,解决了用较小的探测器阵列同时满足分辨率和广域搜索幅宽这两个相互矛盾的要求。光学系统以小角度增量进行扫描，在每个固定位置驻留数毫秒，然后步进到下一个位置。这样产生的图像近实时下传到地面站后经过解压缩、调制传递函数修正，以及图像拼接后可形成较大的幅宽或者搜索图像。由于每帧图像驻留时间较长，提高了信噪比，其结果要优于线列扫描探测器阵列。

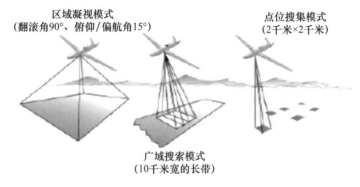

"全球鹰"无人机光电系统的成像模式

通过采用步进凝视扫描技术，"全球鹰"无人机可见光传感器在广域搜索模式下最低俯角可达30°，可对"全球鹰"航路两侧18~28千米内的目标进行搜索。而在其他模式如聚束模式下，最低俯角为45°，可对航路两侧20千米内的目标进行高分辨率成像。

"全球鹰"无人机拍摄的机库照片

"全球鹰"无人机装备的红外传感器是在 AN/AAQ-16B 直升机红外传感器系统的基础上改进而来的，采用了 640×480 像元的锑化铟中波红外凝视焦平面阵列，工作波段为 3.6~5.0 微米，像元尺寸为 20 微米，可进行夜间照相侦察和监视。特点是体积小、质量轻、可靠性好，而且凝视扫描比线阵推扫具有更高的灵敏度和分辨率以及更远的作用距离。它和可见光传感器组合，能提供高分辨率的昼夜图像。"全球鹰"无人机光电/红外传感器的详细设计参数、性能及物理指标见下表。

"全球鹰"无人机光电/红外传感器技术参数

	可见光		红外	
传感器设计参数				
光学系统	卡塞格伦			
口径	280 毫米			
焦距	1750 毫米			
探测器	柯达 KAI-1010CCD 的 Basler A201b 工业摄像机		雷神公司的锑化铟中波红外凝视焦平面阵列	
阵列规模	1018×1008		640×480	
像元尺寸	9 微米		20 微米	
帧频	30 赫			
波长	0.55~0.8 微米		3.6~5.05 微米	
像元瞬时视场	5.1 微弧度		11.4 微弧度	
阵列视场	0.3°×0.3°		0.4°×0.3°	
能视域	方位 75°~105° 和 255°~285°，滚转 ±80°，俯仰 ±15°			
传感器性能				
模式	聚束	广域搜索	聚束	广域搜索
分辨率	斜距 28 千米、俯角 45° 时 NIIRS6.9	在规定的面积覆盖率下 NIIRS6.1	斜距 28 千米、俯角 45° 时 NIIRS5.7	在规定的面积覆盖率下 NIIRS5.1

 光电威胁篇

续表

	可见光		红外	
成像尺寸	2千米×2千米	条带宽度10千米	2千米×2千米	条带宽度10千米
覆盖能力	>1900点/天	138000千米²/天	>1900点/天	138000千米²/天
传感器物理指标				
质量	132千克			
空间尺寸	0.357米³			
平均功耗	995瓦			

表征可见光/红外传感器性能的主要指标是美国国家像解译度等级（National Imagery Interpretability Rating Scale，NIIRS）级别、广域搜索面积覆盖率，以及地理定位精度等。对照可见光和红外载荷的NIIRS分级表，"全球鹰"无人机光电/红外侦察载荷（传感器）的任务能力见下表。

"全球鹰"无人机光电/红外传感器任务能力

	可以完成的任务	不能完成的任务
可见光传感器	辨认小型或中型直升机的型号； 辨认预警/地面控制拦截/目标截获雷达天线的形状为抛物面、切尖抛物面还是矩形； 辨别中型卡车上的备胎； 辨别SA-6、SA-11和SA-17的导弹弹体； 辨认"光荣"级舰艇上SA-N-6导弹垂直发射器的每一个顶盖； 辨认轿车和加长旅行车	辨认战斗机上的附件和整流罩（如米格-29、米格-25）； 辨认电子设备车上的舱门、梯子和通风口； 发现反坦克导弹的发射架； 发现导弹发射控制井顶盖的铰接机构细节； 舰艇上深水炸弹发射器的每根发射管； 辨认铁轨上的各个轨枕

续表

	可以完成的任务	不能完成的任务
红外传感器	区分单垂尾或双垂尾战斗机; 识别大型(约75米)无线电中继塔的金属栅格结构; 发现堑壕内的装甲车辆; 发现SA-10阵地内的升降式雷达天线车; 识别大型商船烟囱的形状; 识别室外网球场	发现大型轰炸机机翼上的吊挂物(如反舰导弹、炸弹等); 区分热车状态的坦克和装甲人员运输车; 根据天线形式和间距区分FIX FOUR和FIX SIX阵地; 区分2轨和4轨SA-3发射架; 识别潜艇上的导弹发射筒顶盖; 识别内燃机车上处于热车状态的发动机排气口

"全球鹰"无人机光电/红外侦察载荷2001年拍摄照片

"全球鹰"无人机光电/红外传感器获得的数据可通过卫星或微波中继通信以50兆比特/秒的速度实时传输到地面站,信息经过处理后再由地面站操作人员分发到战场作战人员或指挥官等多个终端用户。

2015年11月,美国国务院批准了价值12亿美元的对外军售项目,向日本出售"全球鹰"无人机。2021年4月,日本的"全球鹰"无人机在美国完成首飞。日本订购的"全球鹰"无人机可飞行32小时,主要用于监视朝鲜的导弹发射,也用于自然灾害发生后的救灾工作。采购"全球鹰"无人机在日本一直存在争议,主要在于"全球鹰"无人机成本高,并且美国对飞机技术和收集数据控制严格,例如,出于安全原因,日本航空自卫队必须将"全球鹰"收集的数据发送给美国空军进行处理。此外,美国空军将退役其RQ-4B"全球鹰"Block 20和Block 30无人机,届时日本和韩国将成为该型无人机仅有的用户,无人机队规模过小会导致维护成本增加。

RQ-4拆解组成图

美军把"全球鹰"无人机放飞到亚太地区,已酝酿多年,相关准备工作也早已开始,美军正分步把"全球鹰"无人机部署到中国周边。2004年前后,美军就决定在关岛部署"全球鹰"无人机,第一步完成后,"全球鹰"无人机从关岛起飞,能飞至中国东海及台湾海峡并停留16小时,侦察时间和空间的回旋余地都将大为增加。第二步进驻韩、日盟国。美、日两国签署的《地理空间情报合作官方文件》，已允许美军在驻日冲绳基地部署"全球鹰"。第三步美军与新加坡、泰国、印度尼西亚和马来西亚展开谈判，一旦"全球鹰"无人机进驻这四国，美军以关岛为中心，以盟国为支援的"全球鹰"侦察体系将正式形成。

在未来复杂的战场环境中，分辨敌我、判断威胁、辨明弱点、精确打击，实施有效对抗、精准对抗，才能制敌先机，立于不败之地。

对抗装备篇

暗夜精灵之光电告警

"闪电侠"威风八面、洞察秋毫的"火眼金睛"
——分布式孔径红外告警系统

"火眼金睛"原指《西游记》中孙悟空能识别妖魔鬼怪的眼睛，借喻眼光敏锐、洞察秋毫、辨识真伪。本节中的"火眼金睛"比喻的是美军F-35"闪电"战斗机的分布式孔径红外告警系统（EODAS）。

F-35"闪电"战斗机及 EODAS

红外告警是光电告警的一种，通过利用对敌方武器设备辐射、反射的光波信号，进行探测、识别、定位并实时发出告警。

光电对抗：矛与盾的生死较量

激光告警		
	LWS-20V-3机载激光告警系统	LWS-300/LWS-310机载激光告警器
红外告警		
	被动红外机载告警系统	被动红外机载告警系统-2
紫外告警		
	MAW-300紫外导弹告警系统	AN/AAR-47(V)紫外导弹告警系统

机载平台典型的光电告警系统

　　红外告警技术一般采用中波、长波红外波段进行探测，具有灵敏度高、探测距离远、被动工作、隐蔽性强和不易被敌方发现等优点，通过探测来袭目标（飞机、导弹等）本身的红外辐射特征，进行截获、定向和分析，确定威胁导弹的方位以及其他特征，发出告警并启动与之相连的光电干扰系统对威胁实施干扰，成为作战飞机平台洞察秋毫、威风八面的"火眼金睛"。

F-35"闪电"Ⅱ战斗机：传感器套件

按照技术体制划分，红外告警可以采用两种体制，即面阵凝视型和线阵扫描型。根据使用要求，凝视阵列扫描以及线面结合和三坐标体制也开始应用。

美国 AN/AAR-44A 和法国的 SAMIR 红外告警器

按照装载平台划分，红外告警装备可以分为机载和地面两类，机载包括战斗机载、运输机（轰炸机）载和直升机载等，主要针对空空导弹和地空导弹的告警。地面（含舰基）主要针对空地导弹、巡航导弹、反舰导弹的告警。

美国 AN/AAR-56 导弹逼近红外告警器及窗口组件

早在只具有单一光电告警功能的时代，相关告警设备就已经使用4~6个传感器进行探测，只是没有正式提出"分布"这个词。"分布孔径"的提法最初出现在 F-35 "闪电" Ⅱ 战斗机上，意思是把 6 个传感器分布在飞机周围形成球形覆盖,传感器工作在红外波段,分辨率非常高,在飞行员头盔显示器上形成高清晰度图像,实现态势感知、导弹告警、敌方火力探测等多种功能。该系统的开发始于2001年,目前已交付超过3000套,它给F-35战斗机带来了"改变游戏规则"的革命性创新。

F-35"闪电"Ⅱ战斗机及EODAS

分布式孔径红外告警采用一组精心布置在飞机上的传感器阵列实现全方位、全空间探测,并采用各种信号处理算法实现空中目标远距离搜索跟踪,拥有导弹威胁逼近告警,态势告警,地面海面目标探测、跟踪、瞄准,战场杀场效果评定,武器投放支持及夜间与恶劣气候条件下的辅助导航、着陆等多种功能,从而能够用单一系统实现以前要用多个单独的专用红外传感器系统,如红外搜索跟踪系统、导弹逼近告警系统、前视红外成像跟踪系统、前视红外夜间导航系统等集成才能完成的功能,可以显著地提高战斗机的作战效能和生存能力。

对抗装备篇

分布式孔径红外告警功能视图

F-35战斗机有四大关键机载电子系统——诺斯罗普·格鲁曼公司的AN/APG-81有源相控阵雷达和AN/AAQ-37光电分布式孔径红外告警系统（EODAS）、航宇系统公司的综合电子战系统及洛克希德·马丁公司的AN/AAQ-40光电瞄准系统（EOTS）。

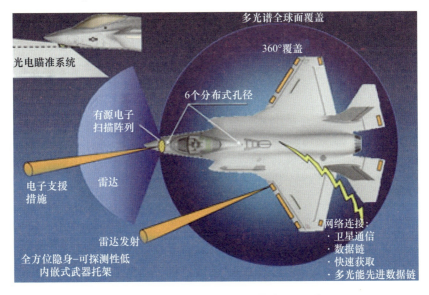

F-35战斗机四大关键机载电子系统

其中，EODAS 由分布在 F-35 战斗机机身的 6 套光电探测装置组成，可实现 360°的环视视场，图像投射到头盔面罩上，使飞行员能通过自己的眼睛，"穿透"各种障碍看到广域外景图像。

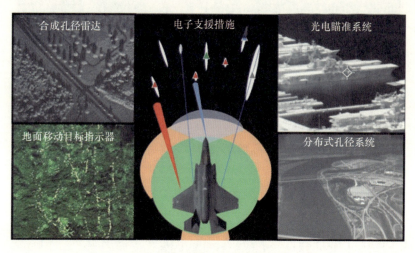

F-35 战斗机机载电子系统的作战图像

F-35 战斗机机载电子系统由多个光电分布式孔径系统传感器组成，各传感器的图像被融合成一个无缝的全景图片。如图多传感器的光电分布孔径系统对 1 枚二级发动机的火箭（从地平线出现到熄火）成功进行了探测和跟踪。目标在光电分布孔径系统视场内通过，飞行阶段持续了 9 分钟。

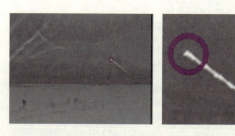

F-35 战斗机分布式孔径系统探测并跟踪导弹发射图像

与其他传感器不同，光电分布式孔径系统捕获目标没有借助于外部信息提示。因为光电分布式孔径系统是同时凝视各个方向，跟踪时操作者不必将传感器指向目标方向。光电分布式孔径系统软件架构中已经包括了适用于弹道导弹防御任务的导弹探测和跟踪算法。

分布式孔径系统能力视图

EODAS 是一个高分辨率全方位红外传感器系统，为 F-35 联合攻击战斗机提供先进的态势感知能力，包括导弹和飞机探测、跟踪和告警能力。

光电分布式孔径系统可为飞行员提供 360°球形的昼/夜视景，具有"透视"飞机座舱的能力。诺斯罗普·格鲁曼公司正在探索现有的光电分布式孔径系统技术在其他方面如何应用，包括弹道导弹防御和不规则作战。

EODAS 是由诺斯罗普·格鲁曼

F-35 联合攻击战斗机的"透视"飞机座舱

电子系统分公司和洛克希德·马丁导弹与火控分公司联合研制的重要的电子传感器之一，用于F-35"闪电"Ⅱ联合攻击机。诺斯罗普·格鲁曼公司为主承包商。分布式孔径系统（DAS）采用内部安装方式，可为飞行员提供围绕机身的360°的独特的防护空域，从而增强飞机的态势感知、导弹告警、飞机告警、昼夜观测及火控能力。

机载分布式孔径系统感知火力发射

2010年7月，诺斯罗普·格鲁曼公司为F-35联合攻击战斗机研制的EODAS在1200千米距离外成功地探测和跟踪了1枚二级火箭的发射。

未来分布式红外告警系统除完成传统的导弹逼近告警外，将在飞机平台上承担起近程态势感知的任务。未来的机载态势感知系统将更加复合化，实现红外、激光、可见光多波段的复合探测，为飞行员提供三维威胁态势、火控引导、全空域观察、进场导航等能力。

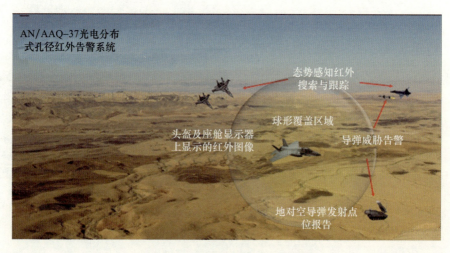

分布式红外告警系统的能力视图

DAS 的导弹逼近告警功能

DAS 具备威胁成像和自动告警功能，能利用成熟的导弹发射探测技术和告警算法来降低虚警率，支持为本机飞行员/任务系统提供来袭威胁导弹的实时告警，有效地支持对抗。

DAS 的态势感知红外搜索跟踪功能

DAS 的态势感知红外搜索跟踪功能可与其他传感器融合探测、跟踪和提示飞机，既可用于态势感知，也可用于进攻瞄准，数据融合以战术态势模式出现。

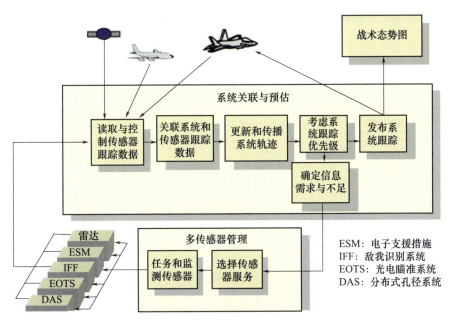

F-35 战斗机上的多源信息融合

（1）DAS 的炸弹损伤指示（BDI）支持。

DAS 的炸弹损伤指示（BDI）支持功能用于指示炸弹/导弹是否在合适的作战时机击中目标。

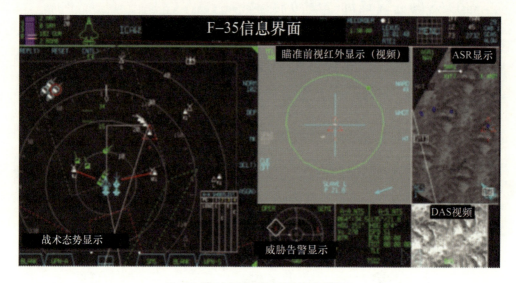

F-35战斗机上的多源信息指示

（2）DAS的地对空导弹发射点报告。DAS的地对空导弹发射点报告能力提供探测到的导弹发射点数据。

（3）DAS的协同测距支持功能，可为本机、僚机和目标位置提供精确角评估。

（4）DAS的飞行员导航功能。DAS的飞行员导航功能可提供加工的DAS数字视频显示在飞行员头盔固定显示器上，它具有其他座舱显示器和面空战术图像管理器的任务系统功能。与夜视设备不同，DAS可在整个黑夜作战。采用DAS被动成像能力，联合攻击战斗机可在完全黑暗中起飞、航行和着陆。飞行员头盔显示器将是呈现包括DAS图像在内的态势感知数据。在飞行中，多传感器数据和图像融合将为飞行员提供特殊的态势感知，包括指示飞行员即时视场的飞机环境的目标、威胁、导航。由于飞行员头盔具有球形覆盖能力，飞行员将具有有效看穿座舱的能力。

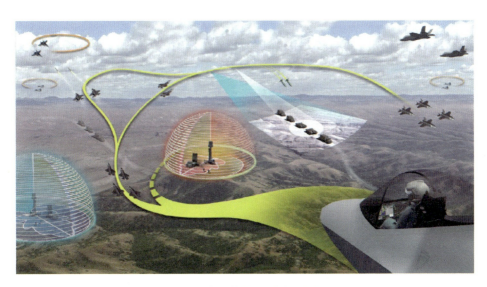

F-35 战斗机执行作战任务

由于自然背景中的各种云、地物都发出红外辐射,因此,红外告警设备探测到的图像比较复杂,产生的虚警较多。各国都在针对红外虚警问题进行针对性的研究,并在波段选取上取得了一致的发展思路,即采用中波红外双色探测技术体制抑制虚警。美国、以色列、欧洲在此项技术上走在世界前列。诺斯罗普·格鲁曼公司为美国空军研制了下一代导弹告警系统(Next Generation Missile Warning Systems,NexGen MWS)。NexGen MWS 是

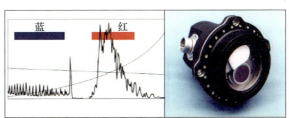

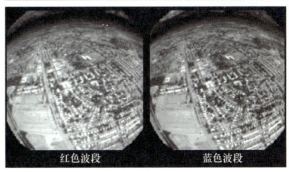

NexGen MWS 及双色红外告警技术

美国空军装备的第一种双色红外导弹告警传感器。其采用先进的双色红外导弹告警技术，使系统的导弹探测性能大大加强，能够为飞机提供更好的保护。

分布式孔径红外告警正向着多功能联合、智能化、自动化方向发展。在未来的战争中，谁在电子对抗领域领先，谁将获得更大的胜算。

"你瞅啥,瞅你咋地"
——摩拳擦掌中的激光告警与反制措施

随着激光目标指示器和激光测距机在战场上应用的迅速扩散,激光探测和告警系统的需求尤为迫切。战场上,激光器被用作测距机和

战场上激光威胁照射飞机平台 ▼

目标指示器，最具杀伤性的应用是作为激光制导武器的指引系统，当激光照射到战场目标的时候，表明已经构建起激光制导武器发射的基本条件，装备有激光告警的平台，会立刻感受到这种威胁的存在，"你瞅啥，瞅你咋地"这种拱火式的摩拳擦掌不断升级，当战斗真的打响的时候，能否打赢，还得依赖有效制衡的对抗措施。面对战场上日益增长的激光威胁，威胁信号为了保护自身目标的安全，大力发展激光告警与激光干扰技术已势在必行。

激光告警设备是一种用于截获、测量、识别敌方激光威并实时告警的光电侦察设备。通常装载在飞机、舰船、坦克及单兵头盔上，或安装在地面重点目标上，对激光测距机、目标指示器、激光驾束制导照射器、激光雷达、激光制导武器的激光信号进行实时探测、识别和告警，以便载体能适时地采取规避机动或施放干扰等对抗措施。激光告警设备按探测工作原理分为光谱识别型、成像型、相干识别型、全息探测型激光告警设备。

激光告警设备的主要优点包括：能够判断威胁的大致方向，告警反应迅速；判别入射激光的威胁准确度较高；实施探测范围大、频带宽，能够对很大区域的范围进行实时的侦测并可以探测出目前现装备的大部分带激光武器所发出的激光信号；告警器使用面积小、质量轻，且维护费用较低。

激光侦察告警设备的主要任务是截获、测量和识别敌方的激光威胁信号，告警信息可直接用于引导平台采取战术机动或采取相应的对抗措施。激光侦察告警设备所能获取的主要技术参数包括威胁源所在方位、到达时间、激光波长、脉冲宽度、重复频率、编码码型、功率（能量）等级，以及目标运动速度和激光图像等。通过侦察信息可以判断敌方激光威胁源的类型、数量、距离，以及威胁等级等。

激光告警系统中，最具有代表性的是美国的 AN/AVR-2 型激光警戒接收机。美国 Perkin-Elmer 公司通过研究扫描式干涉仪探测激光的方向和波长，研制成多传感器警戒接收机，后改进为 AN/AVR-2 激光警戒接收机，并在700架直升机和固定翼飞机及地面车辆及水面舰艇上装备。改进的AN/AVR-2特点包括扩大波长覆盖范围，精确测量到达角和方向，光纤前端探测器的使用，多威胁告警器件的综合使用，以及采用先进的超大规模集成电路等。目前，装备AH-1F、AH-64、MH-60SOA、MH-47ESOA、OH-58D、HH-60H以及OH-1直升机，以提高直升机的生存能力和攻击效能。激光告警设备所告警的主要对象是1.06微米、1.54微米和10.6微米波长的激光。AN/AVR-3（V）是微处理机控制的机载激光告警系统，用于探测两个威胁波段的激光辐射，并有用于第三个波段的设备。经过探测、分析和识别的威胁，送到一个英寸（76.2 mm）的显示器上提供给飞行员，以字母数字形式显示激光的类型和精确的到达角。由于激光武器的发展和增多，AVR-3具有完善的威胁可编程能力，以适用于新的、不断变化的环境。

AN/AVR-3（V）机载激光告警系统

现装备的激光告警器大多为光谱识别型，并采用直接探测拦截方式。例如，英国的LWD21车载激光告警器、法国的OBRA车载激光告警系统、南斯拉夫的LIRD激光告警器、挪威的RL1激光告警器、德国的COLDS通用激光探测系统、美国的HALWR高精度激光告警接收机和FOALLS离轴激光定位系统等。

LWS-300传感器

雷达告警传感器与干涉仪天线阵列

激光告警器及对抗手段

美国为了充分论证激光告警技术在战场中的实际应用效能,展开了相关的论证测试。在进行的首次试验中,为了论证应用了激光告警技术的装甲车辆所带来的战斗效能的提高,单独在被试的一方车辆上安装激光告警设备,另外一方则没有安装此类设备,通过取得的数据可以得出:激光告警技术的使用能够对敌对的测距信号和制导武器的激光信号提供预先的警示,通过设备对激光信号的位置的判断,可以提高协助支援火力打击的命中精度,同时采用了激光告警技术的装备其生存能力和攻击能力有了很大的提高。美国又进行了此类的第二次试验,采取的规避方式主要包括:不同浓度的可见光烟幕;各种浓度的红外烟幕;攻击时选择有遮蔽的掩体;受到攻击时灵活躲避。对比采取不同规避手段所得到试验数据表明:配合激光告警设备与烟幕弹发射装置,装备在得到的规避时间,被发现的程度,以及提供火力武器打击目标等诸多方面表现最为优秀,尤其是激光告警设备作为预警手段时,其配合烟幕弹能够提高车辆的生存能力。

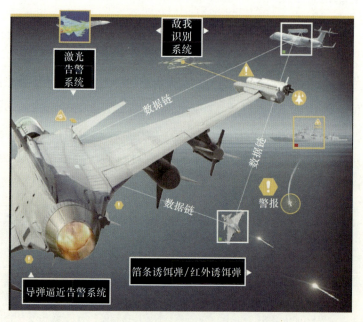

空战中激光告警系统的应用

由于作战时距离较近，系统发出告警和敌方进攻的时间间隔很短，激光告警系统在坦克这个平台上所体现的作战效能不是很明显。而以色列特别重视武器装备防御方面的投入，其制造的"梅瓦塔"系列坦克就使用了激光告警设备，该设备的性能十分先进，除了识别常规激光测距机等发出的激光脉冲信号，还能够识别出激光驾束制导导弹尾部透出的能量极小的激光控制信号。

法国 THALES 公司的激光告警系统

以色列的艾尔比特系统公司为装甲车研发了大量的激光告警系统，包括北约在内的世界上多个国家的军车在使用这些系统。通过4个传感器包，该系统的威胁覆盖范围达 360°。该公司在低功率驾束威胁探测方面独具匠心，其产品光谱响应范围为 0.9~1.1 微米，探测灵敏度为每平方厘米 0.3~1 微瓦，到达角精度为每平方厘米 5 微瓦，探测时间 100 毫秒，威胁分类时间在 300 毫秒以内。系统提供音频和视频告警，可独立或综合启动不同类型的对抗系统。

以色列车载激光告警系统

萨伯电子防御系统公司（EDS，前身为萨伯航空电子公司）的舰载激光告警系统（NLWS）设计用于探测和分析在蓝色背景（海面和空中）及沿海作战环境中的激光器。该系统能向战舰指挥员们提供重要的激光态势感知。由于以激光为基础的系统有效作战距离达 30 千米，所以战舰特别易遭受从直升机或固定翼飞机上发射的岸基反坦克导弹及在滨海环境下由飞机发射的反舰激光制导炸弹等激光制导弹药的攻击。这种弹药大多使用激光测距机并由激光火控系统制导。南非新型"英勇"级小

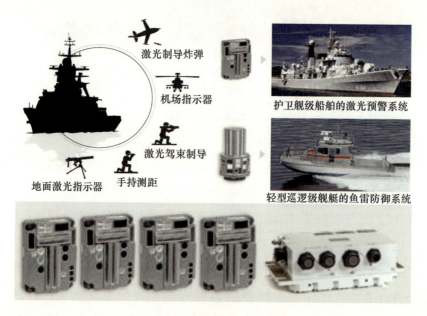

以色列的舰载激光告警系统

型护卫舰都适合 NLWS，但没有装备。2004 年 11 月，阿联酋海军订购了 4 套系统装备其正在阿布扎比造船厂建造的新型"拜努纳"级小型护卫舰。在这些护卫舰上，该系统将与激光对抗设备连接。

对抗装备篇

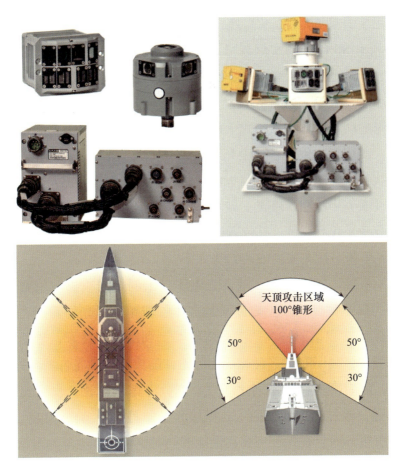

以色列 SAAB 公司的舰载激光告警系统

面临激光制导威胁,主要的反制措施主要包括激光被动干扰手段和激光主动干扰手段。

激光被动干扰的主要手段是烟幕干扰。美国 M76 型红外烟幕弹供 M1 坦克使用,发射后在坦克前方 30 米处形成宽 30 米的烟幕,有效作用时间 45 秒。美国海军武器支援中心利用碳化硅碳化硼橄榄石粉制成的新型气溶胶,对 10.6 微米波段激光有较强消光作用,瞬发气溶胶系统能在启动后 1 秒内将目标遮蔽起来。另外,瑞典 FFV 军械公司已研制出能遮蔽 2~14 微米波段的烟幕弹;美国的 66 毫米发烟火箭在 1~2

分钟内可上升到30~120米高处，10秒内形成宽180米的烟墙；大西洋研究公司有80台红磷发烟器可以在2秒内形成60~90米的接地烟墙。目前有的国家已经研制出对抗可见光至远红外波段，甚至包括毫米波的宽频带多功能烟幕。

激光主动干扰分为欺骗式干扰和致盲压制式干扰。在激光欺骗式干扰领域，美国正在发展各种激光欺骗式干扰机：针对坦克测距的回答式激光干扰机，保卫地面重点目标的欺骗式激光干扰机，以及一次性使用的消耗性激光干扰机。在激光致盲压制式干扰领域中，美国研制的"魟鱼"车载激光武器系统，其致盲目标是地基光学和电光跟踪系统。

激光告警系统未来的发展趋势如下。

（1）告警体制多样化。随着光电子技术的最新成果应用到激光告警系统的研制中，将产生出越来越多体制新颖的激光告警器。如利用激光偏振特性和衍射特性的激光告警器；利用光纤技术、全息技术的激光告警器；利用CCD、硅靶等面阵器件的成像型激光告警器等。

（2）采用模块化、系列化组件。充分考虑系列化、模块化、标准化的问题，通过选用各种插入式模块和可配置组件结构不仅可适应多种平台应用，而且在保证产品高性能的同时也可使成本降到最低。

（3）多目标处理能力。通过将波长覆盖范围不同的探测器组合到一起，以拓宽告警的光谱响应范围；采用光纤延迟技术、CCD摄像技术以及在非成像型告警器中采用邻域相关技术等方法，来提高激光告警的方位分辨率；通过研制相干识别型激光告警器以更好地测定激光的波长；为了更精确地判断激光威胁源的性质，还要求告警器能够识别激光的脉冲宽度、脉冲重复频率、脉冲编码的脉冲特性、灵敏度和波长分辨能力，提高多波段告警能力和多目标处理能力，将激光、红外和雷达告警组合成综合告警系统。

（4）复合告警。为了实现对多种威胁信号的精确告警，采用紫外/激光等综合告警系统；将激光高精技术与雷达及其他告警技术结合在一起，构成全波段、一体化的告警设备。不同告警技术间取长补短以及信号数据的综合处理,可以对威胁源的特征做出精确判断,从而可以采取更有效的防护和反击措施,提高作战系统的战场生存能力,这种复合告警方式具有任何单一告警方式无法比拟的优越性。

(5)便携式、小型化设计。为了适合于单兵使用,需要开发出小型、便携式的激光告警器;为了对抗激光对卫星的威胁,需要开发小型的、抗辐射能力强的星载激光告警设备。通过降低体积、重量和功耗,减少了对平台安装和后勤支援条件的要求,从而使应用范围更加广泛。

暗黑绝地中的忠实哨卫
——机载紫外告警系统

现代战场,飞机既是首当其冲的作战平台,又是众矢之的的打击对象,也必然是空战中的重点保护对象。当导弹危险悄悄来临的时候,能否第一时间快速、准确地探测到、识别出威胁,是现代战机能否逃出死地、重返归途的关键一步。面对空中来袭的火箭、导弹等高威胁目标,如何在其发射的初始瞬间及时侦察截获到目标的特征信息,并采取有效的对抗措施,是机载光电侦察告警系统的首要任务。

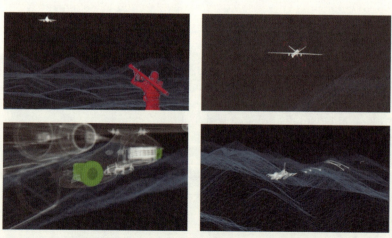

危机四伏的现代战场以及机载紫外告警系统

日趋严重的地空、空空导弹威胁,促使世界各国开发了各种导弹逼近告警系统(MAWS),以确保作战飞机的安全。导弹逼近告警系统可分为雷达告警、红外告警和紫外告警三种类型。同红外告警相比,紫外告警具有虚警率低,不需低温冷却,无须扫描,告警器体积小、重量轻等优点。紫外告警系统以其独特的优势迅猛发展,在不长的时期内历经两代技术革新,已发展成为装备量最大的导弹逼近告警系统之一。

直升机与紫外告警器

紫外辐射是指波谱中10~400纳米波长范围的电磁波,其中200纳米波段以下为真空紫外,200~300纳米波段为中紫外,300~400纳米波段为近紫外。导弹固体火箭发动机的羽烟及其中的一些组分由于热辐射和化学荧光辐射可产生一定的紫外辐射,而且由于后向散射效应及导弹运动特性,其辐射可被探测系统从各个方向接收到。

在自然界中,太阳是最强烈的紫外光辐射源。当太阳的紫外光通过大气时,240~280纳米波段的紫外光被大气中的臭氧层强烈吸收而难以到达地球表面,从而形成太阳紫外光在近地表面的盲区,人们通常称为日盲区,而波长在240~280纳米的紫外光称为日盲紫外。

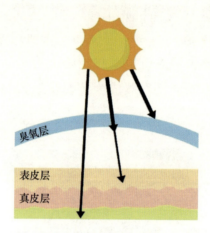

被大气臭氧层吸收的日盲紫外波段

日盲区的存在为近地表面工作于该波段的系统提供了天然的"保护伞"。当系统进行对空目标探测时,避开了最强的自然光源,系统在背景极其简单的条件下工作,这就降低了系统的信号处理难度,为系统高速采集紫外光信息提供了方便。日盲紫外光与可见光和红外光相比,具有目标特征明显、抗干扰能力强、选择性好等特点。20世纪后期,随着光探测技术的发展,日盲紫外探测技术愈来愈受到重视,并在刑侦检测、医学、生物学等多个领域得到应用,同时其军事应用价值也越来越受到关注。美国等军事强国已将日盲紫外探测技术成功应用于导弹逼近告警、通信、海上搜救、着陆等方面。

紫外告警通过探测导弹羽烟的紫外辐射为被保护平台提供针对各类短程地空及空空战术导弹的近程防御,确定其来袭方向,发出警报,通知己方某种威胁的可能来袭,以及时采取对抗措施,或规避,或施放红外曳光弹或通知交联武器(如红外定向有源干扰机)实施干扰。紫外告警实时性要求很高,对低空、超低空高速突防来袭目标都能有效探测。

对抗装备篇

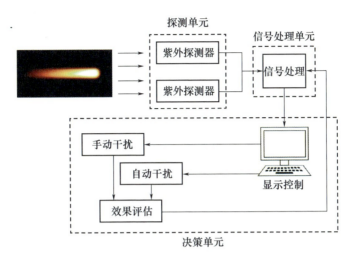

紫外告警系统组成

紫外告警采用中紫外波段工作，由于这一波段的太阳紫外辐射受大气层阻挡到达不了低空，因而形成了光谱上的"黑洞"，避开了最强大自然光源－太阳造成的复杂背景，大大减轻了信息处理的负担，在实战中能低虚警地探测目标；其采用光子检测手段，信噪比高，具有对极微弱信号的检测能力。紫外告警是电子对抗向电磁全频谱发展而产生的新方法、新途径，是电子装备现代化需求牵引的一项新型导弹告警技术，是战术导弹告警的一个重要分支。

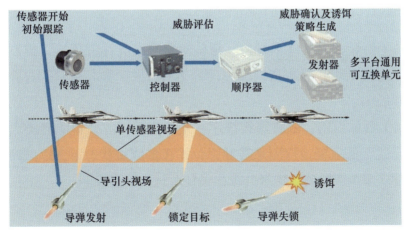

紫外告警与平台自卫系统的作战流程

紫外告警作为导弹告警（含紫外告警、红外告警、脉冲多普勒雷达三种形式）的重要形式。相对于其他两种告警，具有如下特点：能进行导弹发射和逼近探测；可覆盖所有可能的攻击角；极低的虚警率；被动探测，不发射任何电磁波；与雷达告警具有很好的兼容性；不需要制冷、不需要扫描。

飞机由于作战当中的低空突防、空中格斗、近距支援、对地攻击、起飞着陆等几种情况，易受到短程红外制导的空空导弹和便携式地空导弹的攻击。紫外告警作为一种末级防御的近程告警手段，主要用途如下。

（1）侦察告警。紫外告警被动接收来袭导弹羽烟的紫外辐射，对导弹的发射或逼近进行告警及精确定位，并提供粗略的距离估计，同雷达告警信息相结合可正确判定来袭导弹的制导方式，供飞行员机动规避或采取对抗措施，也可通过显示装置指出当前威胁源方位。

（2）红外干扰弹投放控制。紫外告警设备判断导弹来袭后，通过控制单元向总线发出告警信号，经总线系统处理器进行信息相关处理后，启动红外弹投放器向相应方向发射红外干扰弹施放干扰。

（3）引导定向红外干扰机。精确测定来袭导弹方位后，控制定向红外干扰机的干扰光束指向导弹的导引头，并引导光束跟踪导弹，直至导弹脱靶。

（4）目标识别、威胁等级排序。紫外告警可有效排除各类人工及自然干扰，低虚警地探测来袭导弹，并在多威胁状态下，以威胁程度快速建立多个威胁的优先级并提出最佳对抗决策建议。

装载在飞机平台的紫外告警

紫外告警可按工作原理分为概略型、成像型两种。

（1）概略型紫外告警以单阳极光电倍增管为核心探测器件，概略接收导弹羽烟的紫外辐射，具有体积小、重量轻、低虚警、低功耗的优点，缺点是角分辨率差、灵敏度较低。尽管存在这样两个缺点，但它作为光电对抗领域的一项多年发展的技术，在引导红外曳光弹投放等许多应用领域仍表现出较强的应用优势。

（2）成像型紫外告警以面阵器件为核心探测器，精确接收导弹羽烟紫外辐射，并对所观测的空域进行成像探测，识别分类威胁源。优点是角分辨率高、探测能力强、识别能力强，具有引导红外弹投放器和定向红外干扰机的双重能力和很好的态势估计能力。

早在20世纪60年代末至70年代初，国外就开始了在紫外波段探测洲际导弹发射的研究工作。早期的研究工作主要集中在对导弹羽烟紫外辐射的精确测量。其间，人们感兴趣的首先是中紫外区（200~300纳米）。20世纪80年代后，随着一些基础研究工作的进展，科研人员的兴趣又集中到利用中紫外进行导弹发射探测上。其中一项工作是通过地球轨道观测卫星获得了背景紫外辐射的数据；另一项关键工作是紫外传感器技术获得重大进展，特别是高紫外灵敏度阴极、CCD和高增益微通道板的研究取得了突破。

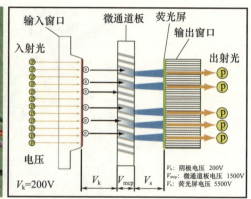

紫外告警传感器及微通道板

同时,利用中紫外探测导弹亦得到极大重视并获得重大进展。自 20 世纪 80 年代中末期美国洛勒尔公司推出了世界上第一台紫外告警 AN/AAR-47 以来,已先后有以、南非、俄、德、法等国的十几家公司纷纷投入到该研究领域,出现了十几个型号的设备,紫外告警技术体制经历了两代革新,获得了迅速发展,同时以直升机、运输机为典型的应用平台,进行了大量应用,装备的型号有 CH-53、CH-46、AH-1、UH-1、CH-1、SH-2、SH-60、MH-60K、V-22、MH-53E/J 等直升机及 C-5、C-17、C-141、C-130 等运输机,并在海湾战争等战场上使用。

典型的第一代紫外告警设备有美国的 AN/AAR-47、以色列拉斐尔公司的 Guitar-300、Guitar-320 以及南非的 MAWS 等。

第一代紫外告警设备的工作原理如下:紫外传感器把各自视场内空间特定波长的紫外辐射光子(包括目标和背景)由光学会聚系统收集,通过光学窄带滤波后到达光电倍增管阴极接收面,经光电转换后形成光电子脉冲,由屏蔽电缆传输到信号处理分机。信号处理系统对信号预处理后送入计算机系统,中央处理器依据目标特征及预定算法对输入信号做出有无导弹威胁的统计判决。系统采用量子检测手段,信噪比高且便于数据处理,同时它在充分利用目标光谱辐射特性、运动特性、时间特性等的基础上,采用数字滤波、模式识别、自适应阈值处理等算法，降低虚警，提高系统灵敏度。

第一代紫外告警设备图像

AN/AAR-47系统被动探测导弹紫外辐射信号，利用相关算法区别来袭导弹与虚假信号。新型号还包含激光告警传感器，能够探测更大范围的激光制导威胁源。通过分析威胁源特征，系统提供给飞行员音频和图像信号进行预警，并指示威胁源方位。另外，该系统还会发送信号给红外对抗系统，后者得以开展如发射诱饵弹等行动。

AN/AAR-47全系统包括四个探测器、一个处理单元和一个信号指示器，图中所示为安装在CV-22"鱼鹰"飞机上的AN/AAR-47系统。

CV-22"鱼鹰"飞机上的AN/AAR-47系统

第二代紫外告警系统使用像增强器作为探测器件，主要通过大相对孔径的广角紫外物镜接受导弹尾焰的紫外辐射，通过解算图像位置，得出相应的空间位置并进行距离的估算。相对于概略型告警系统，它探测和识别目标的能力更强，角分辨率更高，不仅能引导烟幕弹、红

光电对抗：矛与盾的生死较量

外诱饵弹的投放，还能指引定向红外干扰机，具有多目标探测能力，能对导弹的威胁等级进行排序，精确给出威胁目标的方向。成像型告警系统是紫外告警系统发展的主导潮流，主要包括美国的 AN/AAR-54 和 AN/AAR-57、法国的 MILDS AN/AAR-60 等。

AAR-57 通用导弹告警系统是为空中平台对抗红外制导威胁而设计的，其可提供全自动的被动导弹探测、威胁判定、导弹逼近告警、软件升级、虚警抑制、引导红外诱饵投放等功能

AN/AAR-54 和 AN/AAR-57

AN/AAR-54（V）被动探测导弹尾焰紫外辐射，可追踪多个紫外辐射源，迅速精确地对每个辐射源进行分类，并将威胁信号发送到对抗系统中，以便其做出最优反应。可探测地空导弹以及空空导弹，可安装在固定翼飞机、直升机以及地面装备上，常用在特种作战直升机和低空飞行运输机上。

安装在 C-130 运输机上的 AN/AAR-54

MILDS AN/AAR-60 是一种基于高性能凝视紫外成像探测器的机载导弹告警系统，是目前世界上体积最小、性能最好的告警器之一。MILDS 系统最多可安装 6 个紫外探测器，每个探测器具有 120° 锥形视

场，6个探测器可提供全空域覆盖。每个探测器自带处理器，每个处理器可控制全系统，故在只剩下一个探测器时也能正常工作。该系统不仅能指示目标来袭方向，还能估算其距离，系统响应时间约为0.5秒，平均故障间隔时间（MTBF）大于9600飞行小时，探测距离约为5千米，可同时应对8个目标，可在海拔高度14千米下工作。

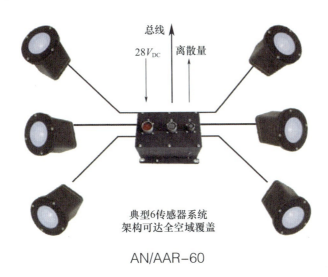

AN/AAR-60

MILDS AN/AAR-60 的主要功能特点如图中所示。

AN/AAR-60 的主要功能特点

紫外告警不断推陈出新，短短几年，紫外告警技术出现了近10个型号的设备，其技术亦经历了两代革新，获得了迅速发展，展望未来，紫外告警将在以下几个方面继续取得发展。

（1）装备性能不断提升。与最早的 AN/AAR-47 相比，新型的成像式紫外告警灵敏度和角分辨率均提高了 1~2 量级，角分辨率可小于 1°，探测距离可达 10 千米，紫外告警系统参数今后在探测距离、角分辨率等方面会继续提高。

（2）应用领域不断扩大。从起初的低速飞行器扩展到了高速飞行器，从空中的平台扩展到了地面的坦克、装甲车及水面舰船，从探测导弹威胁源信息扩展到探测其他威胁源信息。

（3）向综合一体化发展。从红外告警、紫外告警到双色告警，此方向技术发展沿革构成了几十年来导弹告警发展的路线图，先进的探测器阵列和处理技术更促使越来越多的小型传感器在飞机上应用，同时双色红外告警系统已形成装备，并与其他光电装备形成搭配，将导弹告警、态势感知、辅助导航等多功能一体化。

昼夜不息、雷打不动的"海上侦察员"
——舰载红外搜索跟踪系统

现代海战场中,舰载雷达面临着低空和超低空突防、强电子对抗干扰、反辐射导弹和隐身目标等"四大威胁"的挑战。舰载红外搜索跟踪系统,采用被动工作方式,隐蔽性好;图像直观,易于观察识别;精度高,低空探测性能好,能有效克服、弥补雷达探测之不足,在雷达静默时,是对抗"四大威胁"的有效手段,被亲切地称为"海上侦察员"。

由于雷达波照射到海面后的多路径以及海面

海战场上的"海上侦察员"▼

反射的杂波原因,雷达在探测掠海威胁目标时性能受限,尤其是对超声速掠海目标,难以做到广域搜索和精确跟踪。舰载红外搜索与跟踪系统作为"红外雷达",探测范围可覆盖360°,昼夜有效,开启了海军舰船防护的新纪元。国外对舰载红外搜索与跟踪系统的研制进展很快,已有多种产品问世并装备海军。

自20世纪80年代以来,荷兰希格诺尔公司研制了红外搜索与跟踪系统,具有模块化、重量轻、全向型的特点。其可与火控系统配合使用,传感器头具有一个1024元线阵列,工作波段为8~12微米,对来袭飞机和超声速导弹的探测距离为20千米,对亚声速导弹探测距离为12千米。而后荷兰希格诺尔公司在此基础上又研制了远距离红外搜索和跟踪系统,对超声速掠海导弹探测距离为35千米,对亚声速掠海导弹探测距离为21千米,对战斗机探测距离为30千米。

荷兰海军的远距离红外搜索和跟踪系统

法国开发了DIBV-10舰载红外双波段警戒系统,能为战舰提供飞机、反舰导弹等预警信息,并为舰载雷达或光电火控系统指示目标。该系统工作波段为3~5微米和8~12微米,双波段探测器采用288×4焦平面阵列,对亚声速导弹作用距离可达16千米,对超声速导弹作用距离可达27千米,对典型战斗机作用距离可达18千米。

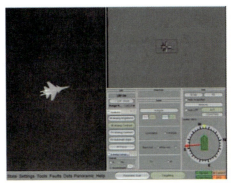

法国舰载红外双波段警戒系统

美国的红外搜索与跟踪系统在研制进展上落后于欧洲，20世纪70年代以来，美国与加拿大联合执行一项名为ANPSAR-8的舰用红外搜索与跟踪系统的研制计划。ANPSAR-8对超声速掠海导弹的探测距离约3千米，系统总质量2950千克，只适于装在3000吨或更大型的舰船上。洛克希德·马丁公司电子与导弹分部于1996年签订了一项1490万美元的合同，为美国海军设计和研制红外搜索与跟踪系统，可大大提高舰艇对低空飞机和掠海导弹的探测能力，其传感器采用雷声公司的3~5微米红外线阵传感器，采用红外双波段，以每分钟60转的速度旋转，提供360°连续警戒和跟踪，与舰船的作战数据系统综合操作。

早期舰载红外搜索跟踪系统基于红外线阵探测器扫描成像探测，这些系统的缺点是探测距离近、虚警率较高；随着凝视焦平面阵列红外传感器技术的发展，基于中波红外高分辨率焦平面阵列的红外搜索跟踪系统已经进入市场，具有较远距离的探测能力。由于焦平面阵列成本高，不同研发者提出的设计都是想要减少覆盖所需视场的焦平面阵列数量。这些设计包括步进凝视和多元扫描结构。

以色列拉斐尔公司研发了一种基于全凝视的新型舰载红外搜索跟踪系统——"海上观察员"，对舰载红外搜索跟踪系统的要求是如下：

（1）远距离探测掠海导弹（亚声速和超声速）；

（2）探测逼近舰船的快速水面舰船和飞行器；

（3）提供舰船周围环境的昼夜全景图像态势感知；

（4）允许"静默"工作，在必须关闭舰船雷达系统的情况下提供目标探测和跟踪；

（5）低虚警率（虚警定义告警的目标不是真实的威胁目标）；

（6）与舰船作战管理系统及其防护组件综合。

舰载红外搜索跟踪系统的设计者面临的最大挑战是需要远距离且低虚警率地探测逼近舰船的掠海导弹。这种威胁对传感器来说是一个接近水平面的几乎静态、低热特征的点目标。与其他威胁相比，掠海导弹的探测决定了系统的高性能，因此也限制了系统的设计。舰载红外搜索跟踪系统扫描方式可以选择：扫描/步进凝视、全凝视，全凝视型扫描方式需要更多的传感器像素。鉴于上述因素，以色列技斐尔公司设计出了全凝视舰载红外搜索跟踪系统——"海上观察员"。其以更多数量的传感器为代价，实现了全凝视结构，优点是轻便且图像更新速度更快。

"海上观察员"系统包括两个稳定凝视单元，每个高分辨率中波红外传感器覆盖180°视场。稳定凝视单元使系统稳定至低于瞬时视场尺寸（子像素）的水平，这样可避免由于舰船移动造成的目标模糊并保持高分辨率优势。

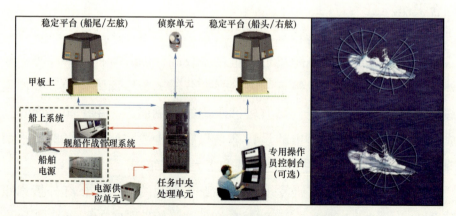

"海上观察员"结构和在舰船上的安装

"海上观察员"的操作员具有舰船周围360°全景视场，涵盖跟踪的目标及其信息。来自舰船惯性导航系统的数据可用于将目标方向坐标校准为由任意舰船系统使用的惯性基准系统坐标。同时可利用高分辨率窄视场传感器使"海上观察员"操作员研究由系统（侦察单元）报告的目标。

"海上观察员"的目标探测和跟踪算法基于机器学习技术，可以满足稳定探测性能要求并保持低虚警率，机器学习技术具有根据新场景和威胁信息很便利地切换到所需操作的优势。

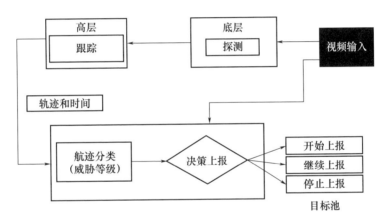

"海上观察员"目标探测和跟踪算法方框图

"海上观察员"系统的灵活性非常重要，通过对新收集数据分类器重新训练机械知识可为解决问题提供快速和体系性的方案。

"海上观察员"的目标探测能力

法国泰利斯公司设计了名为 ARTEMIS 的新一代海军红外搜索跟踪系统，该系统将装备未来欧洲多功能护卫舰。受当前作战规律的驱使，迫切需要设计新一代红外搜索跟踪系统，新系统要求能适应在沿海环境作战。红外搜索跟踪系统的最初设计是能执行水平搜索功能以对抗掠海导弹，而近期的需求是具有更多用途的定向搜索功能，能够覆盖空中和水面威胁的全部光谱，及时应对和平、危机和冲突环境。面对前沿区域和平静海港的恐怖威胁，红外搜索跟踪系统必须能够探测非传统潜在目标如小型船只或汽艇，还要能提供高水平防护，对抗军事和隐身威胁，如掠海导弹。

ARTEMIS 的新一代海军红外搜索跟踪系统

ARTEMIS 采用多传感器头解决舰船安装限制并提供高速、大范围覆盖、快速数据更新和早期跟踪确认的连续全景监视。采用固定系统设计使其占地面积最小、减少维护、简化后勤保障，达到操作实用性最佳，从而降低全寿命周期成本。传统全凝视设计依赖于安装在桅杆上或分布在舰船周围的 12 个红外探测系统，每个红外探测系统覆盖全景视场的一小部分。由于所需红外探测器数量较多，因此方案成本高、可靠性低。ARTEMIS 的设计基于全凝视概念，最初的设计（光学空间多路技术）仅采用 3 个传感器，相关凝视设计性能水平较高，使之前所列的障碍最小化。

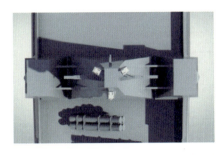

基于 3 个传感器的 ARTEMIS

ARTEMIS 红外搜索跟踪系统的设计基础原理主要考虑平衡关键设计理念，以期达到优化成本、性能，并保证实用性、可靠性和可维护性的目的，在 ARTEMIS 的工程设计中主要考虑 6 个设计理念：较大的空间覆盖；高质量图像；高性能水平；良好的实用性、可靠性和可维护性；易于与舰船综合；改进潜力。

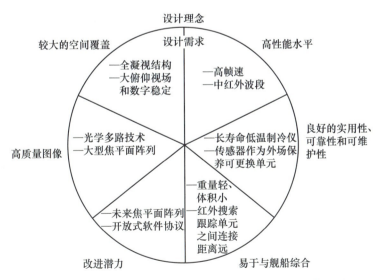

ARTEMIS 红外搜索跟踪系统设计理念和主要设计需求

ARTEMIS红外搜索跟踪系统主要功能：观察；360°全景图像探测，执行三个相同的图像探测功能；图像处理功能，包括成像、搜索和跟踪。

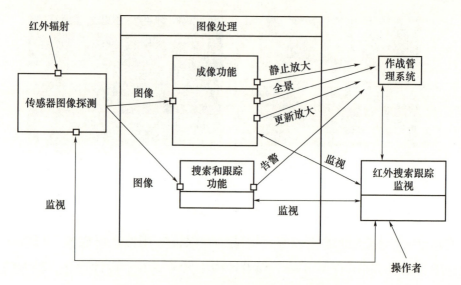

ARTEMIS红外搜索跟踪系统功能结构

ARTEMIS红外搜索跟踪系统图像探测执行以下操作。

（1）图像探测监视，考虑红外搜索跟踪监视控制并提供探测状态。

（2）基本图像的概略探测。

（3）由于探测和光学设备造成的空间故障对基本图像进行非均匀性校正。

（4）用校准数据核对基本图像的探测数据。

（5）用标准姿态来确定基本图像方位角。

（6）图像数据，包括日期、角姿态和其他信息与基本图像数据记录。

（7）保持窗口清洁，去掉水、盐和舰船烟筒的油脂和冰，使窗口红外传输性能保持最佳，采用水流和压缩空气直接冲洗光学窗口。

舰载红外搜索跟踪系统的未来发展趋势如下。

（1）探测更远、更清晰。不断提升远距离探测能力，提高红外成像的分辨率和清晰度一直是舰载红外搜索跟踪系统追求的目标，这需要抑制背景噪声、提升探测器的灵敏度和探测能力，不断发展新体制光电探测能力。

（2）多源融合协同探测。与舰载雷达等多种探测手段进行综合信息融合协同探测，形成优势互补，提升目标探测概率、降低虚警率，充分利用目标的辐射特性、反射特性、光谱特性、偏振特性、时变特性及频域特性等，进行特征融合，重点发展多光谱探测、激光主动探测、偏振探测等，对目标特征进行精确辨识、威胁排序、实时评估，不断提高系统对目标的探测、识别和跟踪能力。

（3）使命任务灵活多样。从单一任务使命向综合任务使命发展，集合远程探测、预警侦察、战场监视、反恐搜救、态势感知、辅助导航等任务功能，满足现代战场瞬息万变的应用需求。

（4）目标跟踪智能识别。从单目标跟踪能力向多目标跟踪能力拓展，在多传感器协同探测及信息融合的基础上，通过智能识别方法，提升目标识别的准确率。

天女散花之红外诱饵

从第一次空空导弹战例到红外对抗技术的开端

走进图书馆，不经意间发现 1958 年国庆期间《人民日报》的一则报道，文称："周总理举行国庆招待会——痛斥美国指使蒋帮空军用'响尾蛇'导弹向我空军进攻，中国人民对此感到极大愤慨，一定要给予惩罚性的打击……"，细细翻开历史陈迹，一幅幅画面在眼前缓缓流淌，一段段历史在脑海中浮现、逐渐清晰……

这则报道重点提及两点，"九二四台海事件"和"响尾蛇"导弹，这次事件不仅仅是新中国成立以来台海爆发的最大规模空战，而且是世界空战史上第一次空空导弹的实战记录，也是美制"响尾蛇"导弹实战首秀，这次不太成功的首秀，竟也成了中国空空导弹事业的戏剧性开端，并牵引出对抗红外制导导弹威胁的各种防御手段。

1958 年关于"九二四台海事件"的人民日报报道

光电对抗：矛与盾的生死较量

1958年，新中国遇到了前所未有的困难，外交方面与苏联交恶，国民经济又遭受自然灾害出现大范围饥荒，退守孤岛的蒋介石不甘落寞，派出大批飞机窜入福建、广东沿海，伺机破坏。为打击美蒋集团的嚣张气焰，国防部长彭德怀制定了两大措施，一个就是著名的"炮打金门"，另一个就是派遣空军精锐部队在福建前线迎战，任命聂凤智担任福州军区副司令兼空军司令。有"黑虎将军"之称的聂凤智，作战骁勇、善用奇谋，原为陆军出身的聂将军为快速熟悉空军作战，不顾危险亲身体验空战的独特性，并"死缠烂打"式地向苏联顾问虚心求教，另辟蹊径地将许多步兵战术运用到空战中，例如"空中拼刺刀战术""空中围点打援战术""口袋战术"，事实证明，我军虽然在武器装备上可能处于劣势，但凭借千变万化的战略战术，照样能把武器装备先进的敌军打得落花流水。

1958年9月24日，蒋介石仰仗美国支持，出动100多架（单日300多架次）先进的F-86战斗机，并配备当时世界最先进的"响尾蛇"AIM-9B红外制导导弹，妄图毕其功于一役，将我空军力量全部歼灭，在温州以东，与我军歼-5战斗机编队发生最大规模空战，史称"九二四温州湾空战"，也称"九二四台海空战"。空战中，聂凤智将军命令各作战机场按照事先精密策划好的"时间差战术"、十面埋伏"空中口袋战术"，利用距离不同、出击时间不同、各个机场出击战机及到达战场顺序的不同，造成一种"十面埋伏"的阵势，切割了蒋军敌机编队，遏制了先进的AIM-9B"响尾蛇"红外制导导弹的发射，有效地击退了蒋军敌机。后来，美国著名杂志《航空》专门分析研究了"口袋战术"。空战中，我空军飞行员王自重掉队，被12架F-86战斗机围困，在近战格斗5分钟、击落两架F-86战斗机后，不幸被AIM-9B"响尾蛇"红外制导导弹击中，壮烈牺牲。

 对抗装备篇

我空军飞行员王自重

此次空战中发射的世界最先进的 AIM-9B "响尾蛇"红外制导导弹，作为世界空战史上的"首秀"演出，竟有一枚坠地而未爆炸，坠落后被我军民发现并缴获。

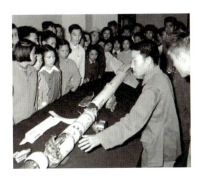

缴获的 AIM-9B "响尾蛇"红外制导导弹

AIM-9B "响尾蛇"红外制导导弹是世界上第一款格斗型空空红外制导导弹，性能优异，因尾部稳定陀螺舵发出"嘶－嘶－嘶"的转动声音酷似响尾蛇的特征而得名。响尾蛇原是美洲干旱地区的一种管牙类毒蛇，当遇到敌人时，迅速摆动尾部尾环，能长时间发出"嘶－

嘶-嘶"的声响,巧妙利用面部颊窝部位感知周围环境中的热辐射,从而灵敏地搜寻和定位猎物,突然发起致命一击,称为危险的"荒野杀手"。AIM-9B"响尾蛇"红外制导导弹也是利用红外线探测器探测追踪飞机目标辐射热源进行制导和打击的,与无线电制导和主动及半主动雷达制导相比,红外制导导弹采用的是针对目标热辐射的被动寻的制导方式,导弹自身和载机都不需要发射电磁波进行引导,因此具有弹上设备简单、整体重量轻、攻击隐蔽性高、可以发射后不管、造价相对低廉等优点,逐渐发展成为中近距离空战的首要利器。

响尾蛇及其热辐射感知系统

AIM-9B作为第一代红外制导导弹,由美国海军武器中心于1948年开始研制,1953年首次发射试验成功,1956年装备部队,由于原型AIM-9A未进行批量生产,真正大量生产及装备的是AIM-9B。AIM-9B的红外探测器采用非制冷型硫化铅制造,工作波段为1~3微米,对应飞机尾喷口的高温近红外辐射,由于受背景和气象条件影响较大,只能以尾追攻击的方式攻击空中速度较低的飞机目标,尾追攻击角度约为90°,抗干扰能力较弱。为消除这些缺陷美军在此基础上,又产生了工作于3~5微米波段以制冷型锑化铟制造的第二代空空红外制导导弹,由于工作在中波红外波段,除可探测飞机尾焰红外辐射之外还可探测飞机气动加热和飞机蒙皮辐射的中波红外特征,攻击角度大大提高至270°,作战性能显著提高。之后,又产生了以制冷中波红外四元探测和制冷型双色玫瑰线扫描探测为特征的第三代红外制导导弹,以及以凝视红外成像探测为特征的第四代红外成像制导导弹，设计源起均是来自 AIM-9B 第一代红外空空制导导弹在实战后的应用改进。

我方在取得坠落的 AIM-9B "响尾蛇"红外制导导弹残骸后，迅速运至北京，1958 年 10 月 3 日，正式确定解剖分析和仿制"响尾蛇"红外制导导弹任务，定名为"55 号"任务，由聂荣臻元帅亲自挂帅，国防科工委具体组织。1959 年 5 月，这项工作正式下达给兵器工业总局第 844 厂和第三研究所，目标是对导弹进行测绘，编制导弹技术说明书，敲定产品部件、配套件和主要器件的技术条件，设计制造专用设备与工艺设备。

AIM-9B "响尾蛇"红外制导导弹残骸

AIM-9B "响尾蛇"红外制导导弹解剖图

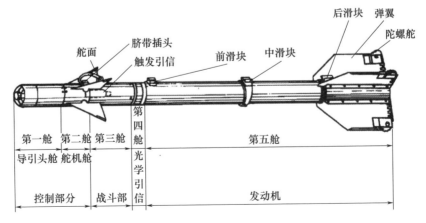

AIM-9B "响尾蛇"红外制导导弹组成图

受限于建国初期国内的工业条件、技术水平和研究环境，缺乏逆向工程中所必需的从设计研制到生产实现的各种手段，"55号"任务未能成功，研仿更多依赖于从苏联转让的"霹雳"-1空空导弹，但"55号"任务却为后续仿制红外制导导弹打下了基础。当时，苏联也正处于研制红外制导导弹的关键时期，且在红外型空空导弹研制方面存在短板，赫鲁晓夫多次索要施压，迫于中苏关系的压力，AIM-9B残骸被送往苏联，不久之后，苏联第一代红外制导导弹AA-2/P3"环礁"研制成功。在苏联的支持下，国内也仿制生产出第一代红外空空制导导弹"霹雳"-2。

伴随红外导弹制导技术的发展，涌现了对抗红外威胁的各种防御手段，所有的红外对抗都是从两个基本概念出发设计的：一是产生和使用假目标，二是抑制平台自身的红外辐射。典型的红外对抗措施有红外干扰弹、红外干扰机和红外定向干扰。红外干扰弹又称红外诱饵弹、曳光弹，其基本原理为通过发射器抛射点燃后产生高温火焰，在规定的光谱范围内产生强红外辐射（相似的假目标），及时同载机平台建立起空间差别，诱导红外导弹从跟踪载机转移到跟踪干扰弹假目标上来，从而达到干扰目的。为达到满意的干扰效果，干扰弹必须满足一定的战术技术要求：第一，干扰弹必须在导引头光谱区间内有足够的红外辐射强度，相对载机平台的红外辐射，形成一定的压制比，具备与载机目标相似的光谱辐射特性；第二，红外干扰弹的燃烧持续时间应大于飞机逸出导弹视场并具有安全脱靶量所需的时间，否则燃尽后导弹有重新捕获飞机的可能，干扰弹的起燃时间应尽可能短，以便载机平台及时机动规避，一般要求小于1秒；第三，要求投放出去的干扰弹与飞机平台有足够的分离速度，通常要求向下投放，避免逆航向向后投放，便于飞机逃出导引头视场；第四，是投放时机、投放间隔和投放策略，结合导弹逼近告警和多源信息融合，解算出高效的投放策略，是提升干扰效能所需考虑的重要方面。

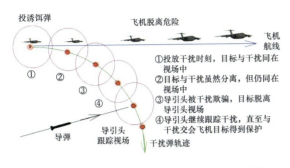

红外干扰弹

提及国内红外对抗的开端，源于被称为"帝国的坟场"的阿富汗。20世纪80年代的苏联-阿富汗战争中，苏联的米-24直升机被阿富汗击落，米-24直升机上装备的红外诱饵弹，被辗转送至国内研究。

阿富汗战场中被击落的"雌鹿"米-24直升机

我空军某研究所的专项负责人某专家，为探求材料机理、填补我军空白，将这珍贵的红外干扰弹材料装在老式铝制饭盒中，亲自携带并乘坐当时的绿皮火车至东北锦州地区某研究所，与研究人员共同研究分析红外干扰弹的材料组分，并逐步探索出红外干扰弹的制备工艺，成功仿制出国内第一款红外干扰弹，后在我空军平台上装备批产，在此基础上，才逐步构建了国内的红外对抗技术体系，才有了后续红外干扰机、红外定向干扰等新技术手段的发展。老一辈专家们的这种朴实无华、勇于探索、艰苦奋斗、开天辟地的精神，永远值得我们年轻一代学习。

忠心护主、不畏牺牲的红外诱饵弹

早在第二次世界大战期间,人们就开始了对红外制导技术的研究。1946年,美国海军军械测试站的麦克·利恩博士开始研制一种"寻热火箭"。飞机在飞行过程中,高温的发动机和尾流会产生强烈的红外辐射,利用红外探测器接收这些红外辐射,可以有效地锁定、追踪到空中的目标。1949年11月,麦克·利恩设计出了红外导引头的核心——红外探测器。该探测器为非制冷的硫化铅探测器,工作波段为1~3微米。以此为基础,美国在1953年研制

"响尾蛇"红外制导导弹之父麦克·利恩

出了闻名遐迩的第一代红外型空空红外制导导弹——"响尾蛇"。

战场上的飞机平台,一旦被"响尾蛇"红外制导导弹盯上,就如死神降临一般,生死攸关、命悬一线。在红外制导导弹的眼里,飞机目标可能是图中这样。

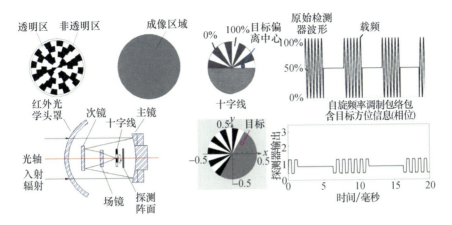

红外点源制导导弹眼里的飞机目标

也可能是下图这样。

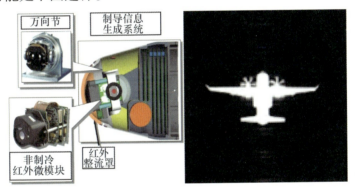

红外成像制导导弹眼里的飞机目标

被攻击的下场可能是下图这样。

释放诱饵、加力逃生但仍被击落的F-15战斗机

光电对抗：矛与盾的生死较量

"与蛇缠斗、与蛇共舞"成为作战平台必须刻苦修炼的基本功。有一种忠诚，如烟花般绚烂，燃烧我自己，只为守护你，这个指的就是红外诱饵弹，逐渐成为作战平台躲避导弹、有效抗"蛇"、存续生命等关键时刻的"大招"与"基本功"。

红外诱饵弹也称为红外干扰弹、红外曳光弹，是一种廉价而有效的红外制导导弹的对抗手段，广泛应用于飞机、舰艇等平台的自卫，可以有效提高其生存能力。

越南战场上，美军为降低 SA-7 导弹对其飞机构成的威胁，设法获取该型导弹的制导方式，随后就在其飞机上装备了红外诱饵弹，通过投掷红外诱饵弹诱使导弹偏离，以此降低 SA-7 导弹的威胁。

生命如烟花般绚烂的红外诱饵弹 ▼

美国投放的红外干扰弹是一种基于化合物的闪光（如镁光灯）开发的用于干扰这些武器瞄准点的技术。热跟踪导弹的瞄准点主要追踪飞机目标的喷气机上产生的热源。镁光灯的燃烧可以产生很强的红外源，从飞机上发射出去可以诱骗热跟踪导弹。它的目的就是提供超亮的红外光源，开始离飞机很近，然后慢慢从飞机附近分散。闪光的辐射强度同样远远大于飞机的热源辐射度，因此对跟踪器形成了追踪的吸引源和欺骗器。一系列的闪光弹齐射可以保证逼近导弹的追踪系统混乱，使 SA-7 导弹失去作用。随着红外制导技术与对抗技术的持续竞争，红外诱饵干扰技术也在不断改进。

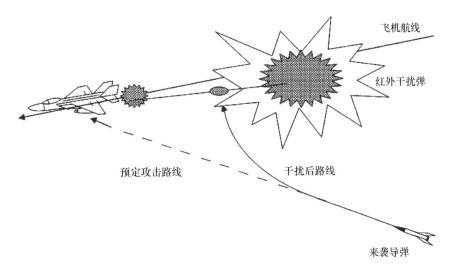

红外诱饵反导干扰示意图

传统红外诱饵对红外点源制导导弹的干扰通常分为：质心干扰、压制干扰和阻塞干扰。其结果是使红外导引头错误地跟踪红外诱饵而丢掉要攻击的目标。

质心干扰的原理是：对于带调制盘的点源体制红外导引头，一般不具有分辨视场内多个目标的能力。当飞机投掷出红外诱饵时，导引头视场内出现两个以上热源，根据调制盘处理信号的数学原理，它将跟踪各个热源的质心，红外诱饵的加权辐射能量比目标能量的倍数越高，导引头视场内红外能量中心就越靠近红外诱饵，当干扰与目标分离后飞机目标就越容易脱离导引头的视场而得到保护。需要关注的是，对第一、第二代红外制导导弹，单发传统诱饵就可以使其失效；但对于第三代红外制导导弹，需要多发成组连续投放，在导弹视场内形成多个假目标，才能破坏导弹的抗干扰措施，使导弹跟踪其中的一个假目标或多个假目标的加权质心，这种方式可称为"冲淡干扰"。

压制干扰的原理是，对不带调制盘（如圆锥扫描/环行/双脉冲体制）或者调制盘为脉冲调制（如同心圆扫描/阿基米德线/双脉冲体制）的点源体制红外导引头，虽然可以从脉冲信号上分辨出视场内的多个目标，但由于干扰脉冲信号比目标脉冲信号大得多，经过自动增益电路或者程序控制电路后，干扰脉冲信号被压到正常工作范围，而目标脉冲信号则被压到很小几乎为零而可能过不了噪声门限电路，使导引头丢失目标而去跟踪诱饵。

阻塞干扰的原理是使红外导引头的信息处理通道被诱饵干扰阻塞而不能正常工作。例如，对不带调制盘或者调制盘为脉冲调制的点源体制红外导引头，诱饵干扰很多且散布开来时，电路的脉冲将几乎连成一片，导引头信息处理无法进行。再如，诱饵干扰很多时，将使点源体制红外导引头的近区指令发出，从而关闭抗干扰电路失去抗干扰能力。

要实现质心干扰，特别是压制干扰，压制比（工作波段内红外诱饵弹的能量与目标的辐射能量之比）必须足够大。要实现阻塞干扰，除了压制比足够大，载机还要能在短时间内投掷出足够多数量的诱饵且能在目标周围散开。当喷气式战斗机的发动机开加力时，对红外导弹实施红外诱饵干扰的能力将大为减弱，甚至使红外诱饵干扰失效。原因是，喷气式战斗机的发动机开加力后，其红外辐射强度将比巡航飞行状态高出 40~60 倍，甚至 100 倍以上，诱饵压制比变得很小。因此，当导弹来袭告警信号出现而投放红外诱饵后，飞机加力逃生或机动往往不是推荐的战术动作。

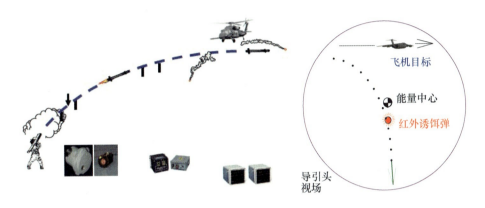

红外诱饵弹对红外导引头的质心干扰机理

各国的战斗机、直升机、轰炸机、运输机乃至加油机都陆续装备了红外诱饵弹系统。最初的红外诱饵弹主要用来干扰单波段点源寻的红外制导导弹。它根据当导弹寻的器的视场内出现两个或多个红外辐射源时，导弹将跟踪多点源的能量中心，使导弹偏离目标，从而脱靶。这类典型的红外诱饵弹，有美国研制生产的型号为 AN/ALA-17B、AN/ALA-3、AN/AAS-26、MK-4、MK-47、MK-206、XM-206、MTU-7B、MTU-8 的红外诱饵弹，法国研制生产的 Lacroix 系列（407、587、623、658、659、698、750），英国研制生产的 Wallop 系列（CART、CM40、CM15、Ho-t spot5/6、HS1/2/4）和 PW 系列（PW118MK、PW218MK1、PW218MK2）。这类红外诱饵弹大都是点源高能诱饵弹，对单波段点源寻的导弹有较好的干扰效果。

2019 年，美国新型"种马之王"重型运输直升机 CH-53K 安装了 AN/ALE-47 机载对抗投放系统，并完成投放测试。

光电对抗：矛与盾的生死较量

CH-53K 上的 AN/ALE-47 机载对抗投放系统

AN/ALE-47 机载对抗投放系统通过投放红外诱饵弹或箔条，保护军用飞机免遭来袭红外与雷达制导导弹的袭击。AN/ALE-47 机载对抗投放系统广泛用于美国空军、海军、陆军以及其他部队的多种飞机上。

AN/ALE-47 机载对抗投放系统

162

红外诱饵弹大多为投掷式燃烧型,内装的烟火剂多为镁粉、聚四氟乙烯、氟化橡胶等的混合物。它被点燃以后,能够发出高亮度的红外光,且具有与被保护的飞机、舰艇、装甲车辆类似的光谱特性,从而引诱、迷惑和扰乱敌方的红外制导武器,使其无法命中己方被保护的目标。

机载红外诱饵弹的主要特征参数如下。

(1)导引头带宽内辐射强度,从数百瓦单位立体角到数千瓦单位立体角。

(2)激活时间或上升时间,达到峰值强度通常需要几十毫秒。

(3)辐射持续时间,通常3~6秒。

机载红外诱饵的战术使用主要包括投放的时间间隔、投放的时机和一次投放的数量,在作战过程中主要采用诱骗、分散、淡化、间隔投放的方式。针对不同平台防护有多种投放方式,并结合机身平台进行战术规避以应对来袭威胁。主要包括以下投放方式。

(1)单发投放方式。下图为F-15战斗机、F-16战斗机单发投放红外诱饵。

F-15、F-16战斗机单发投放红外诱饵

(2)单发连射投放方式。下图为A-10战斗机单发投放和单发连射投放红外诱饵。

A-10 攻击机单发投放红外诱饵和单发连射投放红外诱饵

（3）双发投放方式。下图为 F-14 战斗机进行双发投放红外诱饵。

F-14 战斗机双发投放红外诱饵（双发齐射）

（4）编程投放方式。通过编程形成多种投放方式组合，包括双发齐射、三发齐射、四发齐射等。

A-10 战斗机编程投放红外诱饵（双发齐射 + 连射、三发齐射 + 连射）

对抗装备篇

A-10 战斗机编程投放红外诱饵（四发齐射 + 连射）

（5）密集单连射。下图为战斗机密集单连射投放诱饵，经常在单机飞行和多机编队飞行时使用，并可通过机动翻滚进行战术规避。

苏-27 攻击机红外诱饵密集单连射

苏-27 攻击机红外诱饵密集单连射 + 机动翻滚

苏-27 攻击机密集投放红外诱饵（四机编队 + 中间两机单连射）

（6）密集投放方式。运输机等大型飞机平台，常进行红外诱饵密

165

集投放作战使用。

美 C-130、C-17 运输机密集投放红外诱饵

舰载红外诱饵弹与机载的不同，其爆开的尺寸要与被保护的舰船接近，辐射持续时间需要达到 30~60 秒，且在中波（3~5 微米）和长波（8~14 微米）波段辐射应具有适当的强度比值，以对抗双色导引头识别技术。舰载红外诱饵弹作为海上光电对抗软杀伤措施，通过试图隐藏平台的确切位置和/或通过在来袭威胁的跟踪回路中引入误差来欺骗来袭威胁。依据威胁使用的制导类型来选择软杀伤对抗措施，箔条和射频诱饵弹（包括主动和被动）能有效对抗雷达制导系统，而多光谱伪装烟幕、曳光弹和红外诱饵弹能有效对抗激光制导和红外制导的威胁。

舰载红外诱饵弹的作战使用

2020 年，我国台湾地区花费 8.35 亿新台币（2780 万美元）从法国购买"达盖"Mk2 诱饵发射系统的升级组件和干扰弹药，用来升级 6

艘"康定"级护卫舰上的老式"达盖"Mk 2对抗/诱饵发射系统，以增强护卫舰抵御现代反舰导弹的能力。

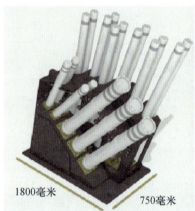

"达盖"Mk 2诱饵发射系统

为对付日益发展红外制导技术，红外诱饵技术也在不断改进，红外诱饵的发展趋势是：①全波段，且波段间能量比率可调的高能红外诱饵；②具有伴飞能力的红外诱饵；③具有红外、紫外双色干扰能力的复合诱饵；④具有对抗红外成像制导导弹能力的面源红外诱饵。

下图为军用飞机投放多元红外诱饵的场面。

军用飞机投放多元红外诱饵

虽然随着红外制导技术的发展,抗红外诱饵干扰能力在不断增强,需要不断发展新的高效能对抗手段,但红外诱饵绝对是作战平台不可或缺的必备手段。值得一提的是,在 2017 年的叙利亚战争中发生了一件令人大跌眼镜的战例。2017 年 6 月 18 日,美军一架 F-18 "超级大黄蜂"战斗机与叙军苏 -22 攻击机相遇。美国战斗机凭借灵活的机动性能率先抢占攻击位置,在距敌机 1.5 千米处发射了一枚 AIM-9X "响尾蛇"近距离空空导弹。突然遭到攻击的苏 -22 攻击机飞行员只是仓促地发射了红外干扰弹,AIM-9X "响尾蛇"近距离空空导弹竟然脱靶了。美军战机不得不补射一枚雷达制导的 AIM-120 中程空空导弹,才击中苏 -22 攻击机。

AIM-9X 是 21 世纪后美国列装的新型空空导弹,具备先进的红外成像制导技术,号称"普通干扰措施根本无效",而苏 -22 攻击机主要负责对地攻击,几乎没有空战能力。有报道分析称,AIM-9X "响尾蛇"近距离空空导弹之所以丢失目标,是由于它在研制时以美军干扰弹为参照物,不具备对抗苏制红外诱饵弹的能力。这一事件也显示出红外诱饵弹这种 20 世纪就开始研制的古老传统对抗手段至今仍有其强大的生命力。

现役战机的新款"马夹"
——机载机电式大容量投放吊舱 BOL 系统

现役二代、三代、三代半作战飞机常常会面临这样的烦恼：平台已有的红外诱饵/箔条投放器，受限于机体位置结构限制和最初设计，携带的红外诱饵/箔条数量有限，在空战中常常会面临"战斗还没结束，子弹已经打完"这种要命的尴尬局面。因此在已定型飞机难以大尺度改造的情况下，大幅提高载机平台的诱饵/箔条数量，已经成为现役战机在高强度现代战场存续生命的现实难题。

现代战场增加干扰资源的现实需求

长期从事机载对抗投放系统业务的瑞典萨伯公司，敏锐地捕捉到了这一潜在市场，在传统的 BO 系列投放器产品的基础上，研制推出了多型机电式大容量投放吊舱 BOL 系统，有效地弥补了传统战斗机诱饵/箔条干扰资源不足的情况。目前，已批量装备了 F-14、F-15、F-16、F/A-18 、"狂风"、"鹰"式、JAS-39、EF-2000 等战斗机。

BOL 投放器吊舱已装备的战斗机平台

BOL 是一种形状细长的新型机电式大容量投放器吊舱，可以安装在机体结构的空腔中，也可以安装在导弹发射导轨或武器挂架上。射频与红外诱饵有效载荷需装进吊舱中若干个易碎塑料干扰包里，通过使用机电驱动机械装置把这些干扰包推进到投放器的后部，从那里每次投放一个干扰包，从包里分散出来的有效载荷被喷射到气流中。

新型机电式大容量投放器吊舱——BOL

第一代 BOL-300 系列投放器于 20 世纪 80 年中期投放市场，该吊

舱在高效投放、有效载荷容量（每个投放器容纳 160 包载荷）、高有效载荷容积比以及非烟火剂释放机械结构等方面优势显著。

BOL-300 系列投放器

1989 年，BOL-300 系列投放器被首次销售给英国国防部，装备其当时新型的"鹞"式 GR.5/GR.7 战斗机飞行编队，并于 1993 年进入英国皇家空军服役。接着，瑞典（JA37"雷"式）、英国（"狂风"战斗机）和美国（F-14"雄猫"战斗机）都订购了 BOL-300 系列投放器。萨伯公司总共销售了 900 个第一代 BOL-300 系列投放器。安装形式有内嵌式、单外挂式和双联外挂式。

F-16 战斗机上的 BOL 投放器

20世纪初，萨伯公司又推出了最新型的 BOL-500 系列投放器，而 BOL-500 投放器采用了基于"混合和匹配"模块的更为通用式的硬件架构，其他个别的需求可通过软件实现。此外，BOL-300 系列投放器只与 AIM-9 "响尾蛇"空空导弹的 LAU-7 发射装置相兼容，而 BOL-500 系列投放器可与先进中程空空导弹的发射装置，如 LAU-128 和多种导弹发射器相兼容。

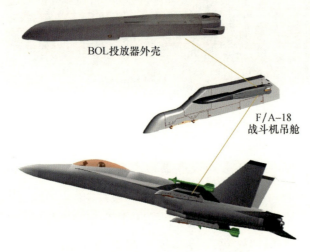

F/A-18 战斗机上的 BOL 投放器

BOL 系统由一个国际团队合作开发，萨伯公司为主承包商，切姆林对抗公司美国公司（前身为合金表面公司）生产 BOL 红外诱饵弹，切姆林对抗公司英国公司负责箔条弹。美国 BAE 系统公司电子系统分部已经获得许可制造 BOL 投放器。到目前为止，生产了大约 2300 套 BOL 投放器，其中 BOL-300 和 BOL-500 系列投放器仍在服役。英国"狂风"战斗机是目前唯一装备 BOL-300 系列机型，更新型的 BOL-500 系列投放器所有欧洲"台风"战斗机、多国的 JAS-39 "鹰狮"战斗机、芬兰和澳大利亚的

F-14 战斗机的 BOL 投放器
（最多可挂装 4 台）

F-18"大黄蜂"战斗机,以及美国空军国民警卫队的 F-15 战斗机。

BOL 典型的箔条载荷包是 RR-184/AL 箔条载荷包,该箔条载荷包是一种由瑞典 BOL 先进诱饵投放器投放的新一代箔条干扰载荷。其干扰频段覆盖 8~18 吉赫,主要用于干扰机载火控雷达和导弹末制导雷达。RR-184/AL 箔条载荷包的外形尺寸大约为 81 毫米 ×62 毫米 ×7 毫米,质量约为 45 克(含箔条丝)。16 个箔条载荷包为 1 组,质量约为 700 克,每个 BOL 先进诱饵投放设备可携带 10 组(合计 160 包),质量约为 7.1 千克。

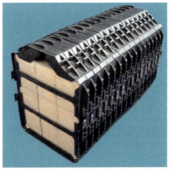

RR-184/AL 箔条载荷包

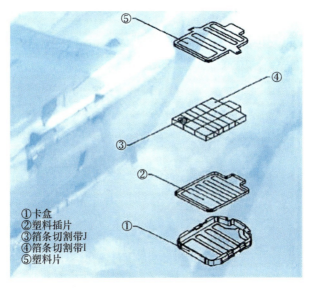

① 卡盒
② 塑料插片
③ 箔条切割带J
④ 箔条切割带I
⑤ 塑料片

RR-184/AL 箔条载荷包内部结构示意图

MJU-52/B 红外载荷包

BOL 典型的红外载荷包 MJU-52/B 是一种由瑞典 BOL 先进诱饵投放器投放的专为干扰红外成像导弹而研制的新一代红外诱饵,由科姆林对策公司及其子公司研制。该诱饵外形如同计算机软盘,其表面涂有一层塑料。

在投放时,MJU-52/B 红外载荷包的封装带被剥开,进入气流后,封装片在气动阻力下分开并将自燃发光材料释放出来,自燃发光材料发生自燃并在气动环境中快速扩散成云雾状,云团燃烧和羽烟产生了大面积、宽光谱的面源红外干扰。

飞机投放 MJU-52/B 红外诱饵的红外图像

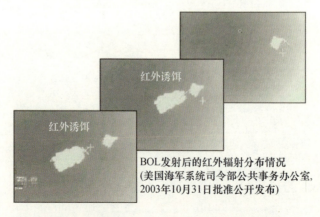

BOL发射后的红外辐射分布情况
(美国海军系统司令部公共事务办公室,
2003年10月31日批准公开发布)

美国海军投放 MJU-52/B 红外诱饵的照片

对抗装备篇

MJU-52/B 红外载荷包采用了与 RR-184/AL 箔条载荷包相同的扁平包装方式。MJU-52/B 红外载荷包内部装填可燃的金属材料,因此必须真空、密封包装,只有在气流速度超过 185 千米每小时的情况下才能打开。

MJU-52/B 红外诱饵结构示意图

萨伯公司的对抗投放系统还包括可投放标准箔条/红外载荷的 BOP 烟火剂系列投放器。另外,萨伯公司于 20 世纪 80 年代末还研发出一种新型 BOP-L 智能投放器,可用于运输机和直升机,或集成到与快速喷气式飞机适配的吊舱系统中。

"鹰狮"战斗机 BOP 投放器投放诱饵弹

通常情况下战斗机执行任务时携带四个投放器,其中两个装载箔条弹,箔条被切割成不同尺寸以覆盖不同频率,另外两个投放器装载 BOL 红外诱饵弹。使用 BOL 红外诱饵时,封装的 MJU-52/B BOL 红外弹匣内装有自燃的金属。弹药一旦被投放到气流中,密封条即被撕开,里面的金属被施放出来,金属接触氧气后随即燃烧。释放的红外能量肉眼无法观测,因此看不到战机的位置甚至存在的迹象。

F-15 的 BOL 投放器(最多可挂装 4 台)

由于 BOL 投放器能力强大,所以战斗机在威胁区域作战期间持续投放干扰物的战术是可行的。每个投放器能装载 160 枚一次性弹药,当战斗机携带四个投放器时,总共可携带 640 枚弹药。尽管通常情况下战斗机也会携带一个独立的、常规的反应式对抗系统,但是如果导弹已经成功锁定战斗机,BOL 投放系统也将自动生成一个不同的反应式投放方案以辅助破坏导弹的锁定。

F/A-18 战斗机的 BOL 投放器（最多可挂装 4 台）

萨伯公司还为 BOL 系列开发了新型内置安装的 BOL-700 系列投放器，其在入选瑞典空军的"鹰狮"E 战斗机项目后，于 2014 年初开始全尺寸工程研发 BOL-700 投放器。在保持与现有的 BOL 对抗投放器规格通用的同时，BOL-700 投放器采用了一种修正的弹射机械装置，该装置通过一个侧向或向下的开口（不在尾部）向气流中投放干扰物。

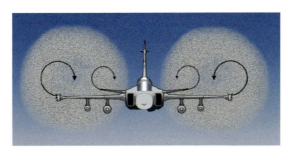

气流风浪中的快速干扰成形效果

这种结构可使投放机械装置安装到机身内部，可避免增加机身的阻力和雷达散射面积。平时使用一个盖子盖住弹射开口，只有在投放干扰物时，才会打开盖子。这样设计的盖子会使阻力和雷达散射面积都达到最小化，且不影响 BOL 投放器的干扰性能。萨伯公司的侧向投放机械装置已申请专利,并通过风洞试验验证可以相同的方式投放射频和红外诱饵。

BOL-700 投放器侧向投放器的盖子

新型内置式的 BOL-700 投放器尤其适合隐身平台,如 F-22、F-35 等隐身战斗机,也有装备 B-2 轰炸机和下一代隐身平台的潜力。尽管 BOL-700 系列投放器采用与 BOL-300 系列投放器和 BOL-500 系列投放器相同的一次性干扰物包,但由于投放器为内置式,干扰材料不在飞机后部投放,而是利用专利技术从侧面投放,即干扰材料通过附面层后进入气流来完成投放过程,其隐身优势非常明显。

战斗机上的 BOL-700 系统投放器

BOL-700 系列投放器并非只针对隐身平台，系统能够为平台提供潜在的革命性益处，不仅保持了隐身特性而且减少了阻力带来的不利影响，由于完全无须改变战斗机外形，因而大幅降低了集成的费用和时间。值得一提的是，由于这种内置系统为飞行中重新装弹提供了可能，因而也适用于大型运输机。萨伯公司一直强调使 BOL-700 系列投放器的设计能够满足战斗机和运输机的共同需求，包括 V-22 倾旋翼飞机。

BOL 投放器为现役战斗机增大干扰资源提供了一种可行的现实选择，也是未来战场中面对高强度作战的保命利器。

隐真示假之伪装防护

遮云蔽日的战场狼烟
——烟幕技术与战场应用

普鲁士军事家克劳塞维茨是"战场迷雾"理论的奠基者,他在《战争论》中如是写道:"战争是一个充满不确定性的领域,军事行动所根据的因素总有四分之三隐藏在迷雾之中,迷雾带来的不确定性或大或小。"这里的"战场迷雾"原义是指战争中获取情报信息的障碍,而我们所讲的"战场迷雾",是阻碍精确侦察和打击的烟幕技术,是真正实现信息阻断、目标区域防护的战场狼烟。

历史上的所有战争,无论时间早晚、规模大小,从根本上说都围绕"发现目标、

战场狼烟——烟幕干扰 ▼

摧毁目标"展开。随着现代战争高分辨率侦察与精确打击系统不断发展升级，陆、海、空、天等各类大型作战装备正面临来自敌方卫星、预警机、无人机、高空高速侦察机等多层次立体化侦察；来自电磁、红外、可见光、高光谱多频谱的全天候、全天时、全要素侦察；受到来自弹道导弹、巡航导弹、精确制导炸弹、察打一体无人机等武器的精确打击威胁。如何实现"发现威胁、隐藏自己"，保持有生力量，提升战场生存能力，成为克敌制胜的基本条件。烟幕干扰这一古老传统的迷惑手段，在新技术战场上又焕发了新的生机。

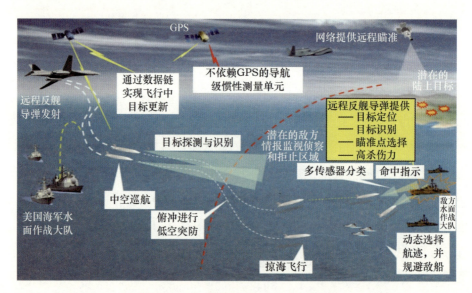

"发现目标、摧毁目标"的现代战场

基本概念

烟幕是由人工制造、起屏蔽作用的气溶胶，烟幕根据其战术作用通常分为遮蔽烟幕、迷茫烟幕、干扰烟幕、欺骗烟幕和信号烟幕。烟幕干扰主要通过化学燃烧或爆炸分散形成烟幕或气溶胶云团，在特定空域形成遮蔽，以散射或吸收的方式，干扰敌方导弹或光电侦察设备，从而对己方目标进行保护，具有成本低、效费比高等优点。烟幕干扰的主要应用包括：重要区域防空、地面平台自卫、海上岛礁防护、重点目标防御、海面舰船防护、侦察监视阻断等。

烟幕干扰的基本概念

烟幕材料选择原则依据干扰对象的波段来确定，通过调整烟幕材料配方、生产工艺，制成不同品种的烟幕剂。

（1）可见光波段对抗烟幕。用于可见光波段对抗的烟幕剂通常有黄磷、赤磷、油雾等，有时为了达到更好的干扰效果还采用彩色烟幕，针对不同背景选用不同颜色的烟幕，能更有效地降低对方光电侦察系统截获图像的对比度，达到好的干扰效果。

美国M56"土狗"发烟车

（2）红外波段对抗烟幕。用于红外波段对抗的红外烟幕分为热烟幕型和冷烟幕型。热烟幕按其组分可分为HC（六氯乙烷）型烟幕、改进的HC型烟幕和赤磷型烟幕。HC型烟幕是指包含金属粉和有机卤化物的烟幕剂，而改进的HC型烟幕剂是在HC型烟幕剂中加入一些红外活性物质，其特点是通过氧化剂和还原剂反应产生高温，在反应过程中产生许多细小的炭粒，从而增强对红外线的遮蔽效能。冷烟幕按照形成材料的不同可分为固体型和液体型两大类。固体型冷烟幕剂有金属粉、无机和有机粉末和表面镀金属的颗粒等；液体型冷烟幕常以水、油、硫酸铝水溶液以及一些有机化合物为原料，由烟雾机加热汽化成烟或直接喷射成烟。

（3）1064纳米激光波段对抗烟幕。用于1064纳米激光波段对抗的烟幕材料主要有六氯乙烷、四氯化钛、异丙醇、甲醇、氯磺酸、萘、三氧化硫、四氯化硅、白磷、金属及其合金、氯化亚铜、氧化锌等，这一类中较典型的有HC发烟剂、黄磷发烟剂、FS发烟剂、雾油等。

美国M90烟幕弹

（4）毫米波对抗烟幕。对抗毫米波的烟幕材料有：环氧树脂、二氧化硅、二氧化钛、青铜粉、石墨粉、氧化铝粉、氧化铁粉、黄铜粉等。

（5）多波段对抗烟幕。德国发明的全波段烟雾剂，能有效干扰可见光、红外和毫米波整个波段的雷达，主要成分包含硫酸填充石墨化合物、高氯酸钾、镁粉、石墨粉等。

烟幕器材分为制式发烟器材和就便发烟器材。制式发烟器材主要

有发烟手榴弹、发烟罐、发烟炮弹、发烟车、发烟火箭等；就便发烟器材有发烟手榴弹、发烟箱、发烟桶、发烟袋、发烟罐、发烟坑等。

俄制发烟罐和发烟手榴弹

发展历程

第二次世界大战中，烟幕曾用于防空作战，使敌机无法投弹或投而不中，从而大大减少了部队和装备的损失。1942年，苏联红军在强渡第聂伯河的战役中，为掩护部队渡河，在长达30千米的河面上空大规模地施放了烟幕，使整个河面变成一片云海。德军为轰炸渡口共出动飞机2300多架次，由于烟幕的干扰，飞行员无法判定渡口、河岸和河心的位置，只能无的放矢地狂轰滥炸一气，结果只有6枚炸弹命中渡口。

俄罗斯部队用烟幕掩护伏尔加河上的浮桥

越南战争期间,越军在保卫河内安富发电厂的防空袭战斗中,施放了比发电厂面积大两倍的含水分烟幕,致使美军飞机发射的几十枚炸弹,仅有一枚落在发电厂附近。

从20世纪50年代开始,光电制导技术在作战中大量应用。美国针对此类导弹研制了干扰红外制导的烟幕干扰弹,如M76烟幕干扰弹,弹体内部装填的干扰剂为赤磷,能有效遮蔽红外波段,可配用于M239、M243等多种烟幕发射器。在M48H主战坦克两侧的M239烟幕发射装置,分别配置6个发射管,可在车前形成高7~12米,110~180°的扇形烟墙。

M56"土狗"发烟车是安装在M1113高机动多用途轮式悍马车上的大面积发烟系统,由美国雷声公司生产。能遮蔽高价值的固定目标,如机场、桥梁和弹药库,也能遮蔽机动目标,如护送车队等。

M56"土狗"发烟车应用效果

M56"土狗"发烟车于1994年9月定型,1995年生产,1998年10月正式列装,2000年底,美国陆军配发量近300台。中国台湾地区于2004年斥资4亿新台币采购一批M56"土狗"发烟车,用于反空降、反登陆作战。目前,美军已经将M56"土狗"发烟车淘汰,转而装备更先进的M58"狼式"发烟车,无须中间加油或再提供遮障材料,M58"狼式"发烟车能持续生成90分钟可见光和30分钟红外遮蔽烟幕

M58"狼式"发烟车

2019年4月26日,美军在华盛顿州亚基马训练中心进行了一次名为"机器人联合突破概念"的演习,一辆多用途无人车正通过车上一套自动装置施放热烟幕。

无人车施放烟幕

2020年1月24日,美国陆军工程师完成了对安装在"斯特瑞克"

战车上的新型战场烟幕生成系统的测试，士兵使用安装在"斯特瑞克"上的遮蔽模块进行了一系列模拟交战，通过降低敌方在可见光和近红外波段的探测能力，利用小型化的遮蔽生成器技术产生有效的视觉遮蔽云来对抗敌军。

"斯特瑞克"新型战场烟幕生成系统

2020年6月，美军军舰在西太平洋地区进行了潘多拉之雾的系统测试，这是一套结合电子战和烟雾干扰的被动综合防御系统，通过在海上发射碳纤维云，用来迷惑和欺骗反舰导弹，使其不能找到真实的目标。

美国军舰的潘多拉之雾

为有效对抗多频谱电磁波的侦察和制导，世界各军事强国研制或装备了一系列多频谱烟幕干扰弹。

国外多频谱烟幕干扰弹一览表

国别	弹药名称	在研或装备时间	性能水平		
			发烟时间/秒	烟幕宽度/米	遮蔽类型
苏联	T-90坦克自防烟幕干扰弹	20世纪80年代装备部队	20	—	可见光、红外
英国	V500式66mm多频谱烟幕干扰弹	20世纪80年代装备部队	40	—	可见光、红外
英国	L58式66mm多频谱烟幕干扰弹	20世纪80年代装备部队	红外：40 可见光：80	40	可见光、红外
德国	152mm多频谱烟幕干扰弹（MSSS）	—	可见光：300 红外：120（3发齐射）	可见光：300 红外：120（3发齐射）	可见光、红外
德国	DM125式155mm多频谱烟幕干扰弹	—	240	—	可见光、红外
南非	M2002式155mm"标枪"全膛增程烟幕干扰弹	2000年装备部队	红外：60 可见光：60~90	面积：60~80米^2	可见光、红外
法国	LU217式155mm多频谱烟幕干扰弹	2014年装备部队	120~150	—	可见光、红外
法国	Galix烟幕干扰弹	20世纪80年代装备部队	30	—	可见光、红外
以色列	C13472式155mm多频谱烟幕干扰弹	—	红外：120 可见光：60~90	—	可见光、红外
俄罗斯	海陆两用多频谱烟幕干扰弹	在研	—	—	可见光、红外和毫米波

注：表中"—"表示不详。

用于坦克装甲车辆自卫的烟幕干扰弹，主要针对末敏弹、来袭导弹以及直瞄武器的侦察与探测，在来袭方向上形成有效遮蔽烟幕，保护己方不被攻击。

主战坦克及无人车上的烟幕干扰弹

国外已装备的发烟器材主要用于对抗可见光和红外，下表为其中部分发烟器材。

国外已装备的部分部分发烟器材

国别	名称	弹重/千克	发烟剂	发烟时间/秒	烟障/米
俄罗斯	ⅡM-11发烟罐	1.9	粗蒽混合物	5~7	50~70
	ⅡMX-5发烟罐	2.4	六氯乙烷混合物	5~7	50~70
	ⅡCX-15发烟罐	7.5	六氯乙烷混合物	10~12	70~100
	ВⅡШ-5发烟罐	40	粗蒽混合物	4~8	200
	ВⅡШ-15发烟罐	45-46	粗蒽混合物	12.5~13.5	100~125
	МⅡШ发烟罐	43-45	粗蒽混合物	10~12	150

续表

国别	名称	弹重/千克	发烟剂	发烟时间/秒	烟障/米
瑞典	FFV-429 型 120mm 赤磷发言炮弹	—	赤磷发烟剂	—	200×50×15
美国	M259 型 700mm 火箭发烟弹	—	黄磷	5	—
美国	M_1 发烟罐	4.95	六氯乙烷混合物	5~8	—
美国	M_5 发烟罐	13.61	六氯乙烷混合物	12~22	—
美国	M_4 M_2 发烟罐	11.58	六氯乙烷混合物	10~15	—
美国	AN-M_7 发烟罐	17.16	喷油	8~13	—
美国	AN-M_2A_2 发烟罐	17.16	喷油	8~13	—
美国	抗红外发烟罐	25	遮蔽 0.4-1.4	300	—
美国	XM56 大面积烟幕系统	—	喷油+金属粉	—	—
美国	AH-15 直升机用烟幕弹投放器	—	红外烟幕	散布喷油 1 小时,散布红外遮蔽物 30 分钟	发射到直升机前 30 米处引爆成烟
美国	直升机用 M259 型黄磷发烟火箭弹	—	—	300	在距直升机 32 米处形成宽几千米的烟幕
英国	66mmL8A1 红外烟幕弹	—	—	红外烟幕	形成 120°扇形

美国装备了 XM49 型发烟机,可实现多频谱遮蔽。另外,在缺乏制式

烟幕剂的情况下,也可以通过燃烧木材、油料、废弃物等办法,产生大量烟幕,对制导武器产生干扰。一是在地面上点燃火堆或燃烧废旧轮胎等物资,产生大量的烟幕,使激光制导武器失去目标,将其引向别处;二是采用燃烧油料、木材和点燃煤油灯等简单方法产生热源,吸引红外制导武器。

施放原则

(1)对遮蔽范围的要求。一是要求烟幕能遮蔽足够大的范围,烟幕的面积通常要增大到目标面积的 10~15 倍,发烟点的配置面积也应超过目标面积的 5~10 倍;二是应避免烟幕与目标对称分布,目标不要位于烟幕面积的正中间,烟幕应与目标形状轮廓不重复。

(2)对发烟点的要求。施放烟幕的发烟点,分为环形配置和方形配置,也可以是两者混合配置。环行配置是将发烟点围绕被遮蔽体,配置在 1~3 道同心圆环形线上,一般在比较平坦和风易吹过的地区上使用。方形配置是把配置发烟点的全部面积划分为若干个方形,均匀配置发烟点,每个方形上设置 20~40 个点,一般在地形起伏较大,或充满丛林、建筑物、工事等地,且能造成空气的涡流或引起风向变化的地形上使用。有时还可夹杂假目标配置烟幕,使敌难以寻找真目标的位置。

(3)考虑影响效果的因素。影响烟幕效果的因素是多方面的,其中风、湿度与降水、地形等对烟幕的干扰效果有直接影响。风的影响主要是风向和风速,配置在斜风所消耗的发烟器材比正面风少 1/4~1/3,风速为每秒 3~5 米时对施放烟幕最有利,每秒 9 米以上的强风和每秒 1 米以下的弱风都不宜于设置烟幕。湿度大比湿度小产生的烟幕更浓密,大雨影响烟幕的遮蔽能力,小雨增加烟幕的遮蔽效果。地形对烟幕的传播会产生很大影响,高地、峡谷、河川、凹地、树林和灌木丛不利于烟幕的消散和传播。

(4)施放方法。分为连续施放和断续施放两种。为了迅速而可靠地对重要目标施放烟幕,发烟点可在最初的 10~15 分钟内连续不断地发烟,然后经过 2~3 分钟停歇后重新发烟,而后再发烟 2~3 分钟,停歇 2~3 分钟，交替进行。发烟点应构筑有工事设备，以防止发烟器材和操作人员受到敌飞机轰炸的杀伤和损坏。

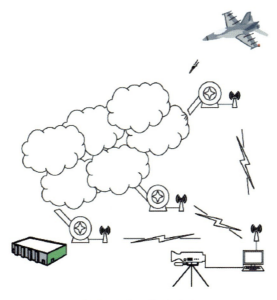

烟幕干扰的施放方法

发展方向

作为对抗多模制导导弹威胁的低成本、高效能干扰手段，烟幕干扰的发展方向如下。

（1）一剂多谱。经过多频谱干扰剂技术的不断发展，急需发展发明新型干扰剂，可遮蔽可见光、红外和毫米波等多频谱；同时能进一步简化装药结构，提高装药量，增大遮蔽面积。

（2）智能成烟。未来烟幕干扰弹应通过预警信息、来袭威胁特点智能成烟，生成最佳干扰策略，形成有效遮蔽目标的最佳烟形和合理遮蔽面积。

（3）单向透明。未来干扰剂的研发，需考虑研制单向透明的烟幕，既能有效阻断来袭威胁的探测，又不影响和降低我方探测系统的性能，形成单向透明的"烟幕墙"。

魔法世界的"隐身斗篷"
——战场伪装防护遮蔽技术

"隐身斗篷"的传说，来源于《哈利波特与死亡圣器》，传说魔法世界的佩弗利尔三兄弟，使用魔法架桥助人通过死亡之河而惹恼死神，死神假意奖励三兄弟三件死亡圣器：隐身斗篷、复活石和长老魔杖；争强好胜的老大选择了长老魔杖，杀死旧恶，终因得意忘形、遭人嫉妒酒后被戮，被死神夺走生命；聪明狡黠的老二选择了复活石，妄图以此救活早逝的心上人，最终无望选择自杀，亦被死神夺走生命；只有谦逊智慧的老三选择了隐身斗篷，躲过了死神的追杀，平安终老，代代相传，这就是哈利波特的祖先。现代战场上，高技术的侦察卫星以及飞机作战平台，装有各种可见光观测系统、雷达侦察和红外探测装备，能在电磁波全频谱

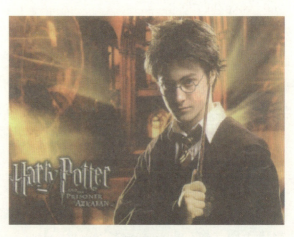

哈利波特的隐身斗篷

范围内获取情报信息,使得战场可视度大大提高,伪装防护遮蔽技术,也就成为现代战场提高生存率的"隐身斗篷"。

所谓伪装,就是利用电磁学、光学、热学、声学等技术手段,改变目标原有的特征信息,隐真示假,降低敌人的侦察效果,使敌方对己方军队的位置、企图、行动等产生错觉,造成其指挥失误,以最大限度地保存自己,打击敌人。通过采用各种技术措施,如加盖伪装网、涂覆迷彩涂料,来消除、降低、歪曲或模仿目标与背景之间在外貌和波谱特性等方面的差别。

伪装网

伪装遮蔽技术是利用设置在待伪装的军事目标附近或者外加在目标上的防探测器材来实现伪装效果的。根据性质的不同又包括伪装网、变形遮障和伪装覆盖层等技术,这些不同的遮障伪装技术可以适用于针对可见光、红外线以及雷达侦察等不同的伪装要求,达到"假作真时真亦假"的效果。

伪装遮障

伪装网是军事上用来遮盖武器装备或固定目标以达到低可探测性的隐身织物。它的伪装原理就是利用伪装网组成拱起或者平面的遮障,以减弱装备的平面反射,消除装备的外形特征,以此来增加敌方的侦察识别难度。现代军事伪装网还具备如下特征：不仅能对抗可见光侦察，还能对抗热红外侦察和雷达侦察等；网面颜色和迷彩斑点的光学性能、网面的热红外辐射性能以及对雷达波的散射性能都可以适应不同目标环境背景的需要；现代伪装网还具有材质轻、涂层牢固性好、便于拼接和实现多种用途伪装的特点。

伪装网及伪装遮障

伪装网作为一种有效的隐真器材，世界各国都十分重视这一技术的发展和研究。伴随着侦察技术的进步和材料、工艺技术的完善，从早期单一的光学网开始，先后研制了雷达网和红外网，以及为适应快速机动、对抗毫米波侦察制导的多波段超轻型伪装网，以满足现代高技术战争对伪装网的要求。

巴拉居达公司的单兵伪装系统

目前，外军装备的伪装网主要为第二代和第三代伪装网，其中第

二代伪装网中代表同类产品先进水平的是美国组合式轻型林地、荒漠和雪地合成纤维伪装遮障系统。该伪装系统共有三种色彩/材质的伪装遮障，分别适应林地、荒漠和雪地环境。该伪装遮障的组成构件简单，由耐用的合成材料制成，能在各种环境下多次使用。这种伪装网在雷达波段能有效地掩盖目标，显著降低雷达回波能量，从而防止敌雷达侦察。该网除了具有良好的可见光和雷达伪装性能之外，还可以防止红外照相侦察。雪地

美国布鲁斯韦克公司的超轻型伪装网

遮障可供全积雪和部分积雪地区背景使用，它具有较高的紫外反射率，防止在紫外波段被探测到。

近来在主动红外伪装技术方面取得重大改进，可与背景的红外信号特征相匹配的材料性能有了大的提升，降低由战车推进系统或者旋转部件产生的红外信号将极大地减少被敌方装备的红外成像系统发现的机会，让车辆"遁形"。2011年，在伦敦国际防务装备展上，BAE系统公司首次展示它的自适应主动式红外伪装系统，配装在CV90装甲样车上。

自适应主动式红外伪装系统

2019年，瑞典萨伯公司已研发一种"先进热辐射可逆伪装遮蔽"系统，是萨伯公司研发的首个可逆热模式伪装系统，旨在通过遮蔽和

干扰战车或其他军事资产的热信号来与背景融合，从而达到保护战车或其他军事资产的目的。该伪装系统的可见图案是可逆的，意味着它的每一面都有不同的颜色，允许用户选择最有效的模式。萨伯公司研发的伪装产品已经出口到五十多个国家，可在任何类型的地形或环境中保护营地、战车和单兵。

萨伯公司的"先进热辐射可逆伪装遮蔽"系统

未来伪装遮蔽防护器材的发展，主要向轻型化、一体化、机动化和智能化方向发展。

（1）轻型化。国外伪装遮蔽防护器材在向多波段扩展的同时，也强调其易用性，即要求轻质高强，便于携带、架设和撤收。例如，伪装网的质量从 20 世纪 60 年代的每平方米 300 克左右减到现在超轻型伪装网每平方米 100 克左右。

（2）一体化。按照以往的模式，武器装备出厂后再对其进行伪装处理，一是伪装难度较大，特别是对机动目标来说，很难保证伪装器材与装备紧密结合。所以，未来研制的伪装遮蔽防护器材将作为武器装备的一个分系统来考虑，伪装遮蔽防护器材将会与装备融为一体，设置、撤收自如的通用或专用的变形遮蔽系统，通过外形设计、内部设计、吸波材料的选用等手段达到伪装效果，使伪装与其他软、硬防护系统一体化。

装甲工程公司研制的"Tacticam 3D"一体化伪装

（3）机动化。当前的伪装遮蔽防护器材对静止目标的防护已比较完善，而对动目标的伪装尚不足以防护现代战场日益增大的侦察和攻击威胁。目前各国积极开展各种研究以解决机动目标的伪装问题，如瑞典的机动伪装系统和高机动性车载伪装系统、美国高机动性伪装项目和机动装备多光谱伪装系统。

德国陆军"芬内克"侦察车将装备的机动伪装系统

（4）智能化。伪装的难点在于在变化的背景中保持目标与背景的融合，因此开发具有一定智能能力、有较强的自适应能力的智能伪装遮蔽防护器材需求较为迫切，随着微电子学在各个领域的大量运用，智能伪装遮蔽防护器材的出现只是早晚的问题。

侦察技术的不断提升，伪装防护遮蔽技术到底是魔法世界的"隐身斗篷"，还是安徒生童话中的"皇帝的新衣"，永远在"魔高一尺、道高一丈"的往复博弈中此消彼长。

假作真时真亦假
——假目标虚实结合的战场应用

孙子曰:"兵者,诡道也。故能而示之不能,用而示之不用,近而示之远,远而示之近。"战场上的虚虚实实、真真假假有大量成功运用的历史;现代战场的隐真示假,是为保护更有价值的战略、战术目标,战场上假目标的使用,是防止敌人获取精确情报的重要手段,运用逼真的假目标给敌人以错觉,使敌人做出错误的作战决断,有时"假作真时真亦假",往往达到以假乱真、真假难辨等意想不到的效果。

假目标技术也称为示假技术,主要应用于武器装备示假伪装和军事工程示假伪装。武器装备类假目标范围较广,主要是依据真实武器装备的外形或雷达反射等特征设计的假目标,如假飞机、假坦克、假防空导弹和假汽车等,军事工程类假目标主要是假阵地工程、假油库、假机场、假道路、假洞库、假桥梁、假军港等。

中国台湾展示的伪装充气坦克

按照假目标形式可以分为实形假目标和虚形假目标。实形假目标是制作与真目标的外形、尺寸及反射、辐射光电段电磁波特征相似的模型，以对付成像制导系统，如坦克、火炮、飞机、导弹等。虚形假目标是仅要求与真目标的反射、辐射光电段电磁波的特征相同，而不强求外形、尺寸等外部特征，对付非成像制导系统，如光箔条、红外诱饵、气球诱饵、激光诱饵等。在复杂伪装防护环境中，通常同时应用多种假目标技术，以应对复杂侦探手段。近二十年来各局部战争的经验表明，一个真阵地周围若设置 2~3 个假阵地，诱敌信以为真的概率为 60%~80%，目标遭空袭的概率可以降低 50%~60%。

示假欺骗作为被动式防空的有效手段备受各国的青睐，由于发展的起点和技术水平不同，各个发达国家的示假伪装技术也有不同的发展状况。美军研制了"霍克"防空导弹假目标系统、假 M6 坦克、假 M114 装甲车、假 155 毫米榴弹炮等，这些假目标都有很高的技术含量。另外，美军的假目标研制在多波段方向也有发展，代表性的假目标有 M1 假坦克，具有与真目标完全一致的物性特征，是由骨架蒙皮结构组成，配备热特征模拟器，折叠后可放入小型旅行袋，置于M1坦克外部台架上，携带机动，质量25千克，布设只需5分钟，局部被击中损坏后仍可使用，能对抗可见光、近红外和热红外侦察与探测。

美军155毫米榴弹炮假目标

美军假目标的种类与主要指标

种类	性能指标
特力戴布朗多光谱M1假坦克、F-15、F-16	具有与真目标相同的可见光、红外和雷达特征，假目标牢固可靠，即使被击中，也可重复使用
"陶"式反坦克导弹假目标系统	能模拟导弹发射闪光、音响和烟云等特征
M114装甲运送车假目标	其特点是膨胀成型速度快，收缩体积是原目标体积的十分之一
M1坦克假目标	在近红外、可见光、红外和雷达波段的特征与真目标一致
红外/毫米波复合诱饵	可对微波产生干扰，又可对红外探测器进行干扰
飞行诱饵	能在近、中远红外和雷达波段模拟飞机，具有多普勒效应

瑞典的假目标主要由巴拉库达公司研制生产，巴拉库达公司生产的每种假目标都带有模拟真实装备雷达反射特征和（或）热特征的组件，并且有准确的形状和颜色，有稳定的支撑结构及最少的架设、撤收人力和时间，如AJ37、F-104、米格-21、F-16、F-18等形式多样的假目标。

巴拉库达公司研制的坦克假目标

俄军有一支专门构设假目标的部队（第45独立工程伪装团），可以模拟S-300防空导弹等装备。这些假目标既包括导弹发射车，也包括预警雷达的充气假目标，这些充气装备模型，普遍采用骨架加外部密封气囊结构，使用了特殊金属涂层或其他技术，使雷达屏幕、红外线侦测仪器上看到的就像真的军事装备，携带使用非常"轻便"，如F-80坦克只有30多千克，折叠后单兵就可以背走，而那些大型装备也不过100千克左右，各类交通工具都能运载。S-300防空导弹系统假目标已经在利比亚、越南等多个国家部署。

俄罗斯S-300防空导弹假目标

俄军 PT-5 特级坦克上装有告警、被动防御假目标系统，其热红外投放器可将一个与 PT-5 特级坦克相似的红外影像投射到 10 米以外，诱使敌精确制导武器打击影像假目标，坦克乘机规避。2020 年，俄军开展的地面充气式假目标布置训练中，出现了大量用于模拟地面停放的坦克、战斗机等假目标，可以在十几分钟内完成"部署"，主要用于迷惑敌人的高空和卫星拍照侦察。

俄罗斯的坦克、战斗机假目标

俄罗斯的军工企业"卢斯贝尔"公司制造了一种易折叠，质量仅为 35 千克，可以轻易放入一个普通士兵的行军背包中的充气坦克。一旦到了野外，这些充气坦克的安装快速而且简单，它只需充气 4 分钟，就可以立即充好一辆足可以假乱真的充气坦克；即使是结构相对复杂的"火箭发射器"，每次充气也仅需 5 分钟。由于这些充气坦克造型异常逼真，即使 100 米以外也难辨真假。充气式坦克的炮塔甚至可以左右转动，此外还配备有附加的油料箱。此外，这些充气坦克的内在性能也足以乱真——它们可以辐射热量，发射出无线电波，即使高科技的夜视仪、间谍卫星和雷达也会上当。为了让这些充气坦克看起来更为逼真，最好的方式莫过于在这些大型装备周围安排一些真实的士兵，让他们在那里假装安装调试、维修。这样，即使是高科技的高空侦察机或者间谍卫星都难免上当受骗。

俄军的充气坦克

在"东方2018"多国联合军演中,俄军架设浮桥假目标,水中的浮球可模拟浮桥的雷达信号,用于欺骗雷达探测和雷达制导武器攻击。

"东方2018"多国联合军演中浮桥假目标

英国研制了假T-62、T-72、MP-1机械化步兵战车假目标等,海湾战争中伊拉克设置了"飞毛腿"导弹发射车假目标。

光电对抗：矛与盾的生死较量

英国的 T-72 战车假目标

中国台湾研制了一种充气式坦克假目标，仿照 M60A3 坦克制作而成，在外形上与真实目标有一定相似度，而且很明显假目标未放置红外发生器、雷达信号角反射器等反侦察设备。在面对目前先进的红外侦察或是雷达探测的条件下，这种充气坦克极易被识别，无法起到欺骗对手的作用。

台军 M60A3 坦克假目标

目前，外军的假目标已形成系列，如频谱假目标、装配式假目标、膨胀泡沫假目标、声光假目标、薄膜充气式假目标和自行式活动假目标等，将在高技术条件下的作战中发挥重要作用。

当年第二次世界大战中，日军偷袭珍珠港之后，美国认为日军有可能对美国西海岸发动进攻，为此，美国陆军航空队在加利福尼亚机场上搭建了大量假飞机，高空飞行的日本侦察机看到这支"庞大的重型轰炸机部队"，推断这将给驶近美国海岸的日本舰队造成毁灭性打击，因此彻底打消了妄想。

拈花一指之激光干扰

往昔英雄的穷途末路
——红外全向干扰机的辉煌与没落

在机载平台自卫防护系统的发展史上，除了红外诱饵干扰弹大批量装备以外，还有一款装备值得一提，曾经在一段时间内风光无限，也曾大批量装备直升机、运输机等作战平台，曾经与红外诱饵弹并驾齐驱，号称机载红外对抗的"双子星座"，但随着制导和抗干扰技术不断发展，逐渐走向穷途末路，它就是机载红外全向干扰机。它是红外对抗技术史上不可或缺的一笔，红外定向新型对抗装备的干扰机理亦是由此而来。

安装在飞机平台的全向红外干扰机

光电对抗：矛与盾的生死较量

海湾战争以来，80%~90%的飞机作战损失是由肩上发射的红外制导地空导弹（"萨姆"导弹）造成的，包括被伊拉克部队击落的唯一一架陆军攻击直升机。随着更多的先进"萨姆"导弹的扩散以及先进红外凝视阵列寻的器的出现，市场对更高效红外对抗系统的需求显得尤为迫切。

被肩扛红外制导导弹击落的飞机

绝大多数在阿富汗作战的美国飞机飞行在3000米以上的高空，以避免遭遇相对短程的背负式"萨姆"导弹的攻击；而在科索沃战争中，飞机的飞行高度在4500米以上。这样的高度不但降低了飞机武器弹药的精度，而且也削弱了其对地面的侦察及目标探测能力。而且，一些平台，如搜索与救险飞机与直升机在这样的高度根本无法执行任务。随着反恐怖战争中特种部队作战范围的扩大，对红外对抗系统的需求也有所增长，其投入资金也明显增加。

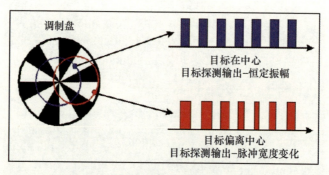

点源红外制导调制盘提取目标信息

210

红外干扰机是在被保护平台上产生一定信号结构的红外辐射源，其能使导弹制导信息发生变化。自越战以来，国外红外干扰机已经装备了数十种型号，早期的红外干扰机，公开见诸文献和资料的红外干扰机有如下型号，AN/AAQ-4、AN/AAQ-4（V）、AN/AAQ-8、AN/AAQ-8（V）、AN/ALQ-123、AN/ALQ-132、AN/ALQ-140、AN/ALQ-144、AN/ALQ-146、AN/ALQ-147、AN/ALQ-157（V）1、AN/ALQ-157（V）2、Y3B-1、Y3B-2、Л166С1等，它们利用调制红外辐射源来干扰第一代和第二代红外制导导弹。

AN/ALQ-144（V）红外全向干扰机

国外欺骗式红外干扰设备的装置现状

型号	装载平台	主要特点	装备现状
AN/ALQ-132	装备美国海军的A-4、A-6、OV-10及美国空军的A-7、A-10，以及C-130等飞机，装于吊舱之上	用燃油与空气混合燃烧加热陶瓷棒产生红外辐射，经调制后精确模拟发动机尾焰的红外光谱，用于欺骗和干扰敌方导弹导引头，质量66.7千克	已生产和装备

续表

型号	装载平台	主要特点	装备现状
AN/ALQ-140	装备美国海军的F-4战斗机、美国空军的F-4等战斗机，内装于战斗机尾舱上	用电加热陶瓷块产生红外辐射，经调制后用于对抗自动寻的导弹攻击	在役
AN/ALQ-144	装备美国陆军的UH-60A、AH-1J/S、UH-1H/N、AH-64、EH-1、EH-60A、OH-58A；美国空军的HH-60D；美国海军的CH-64F以及加拿大、意大利空军的OH-58、A-129等直升机	用电加热石墨棒产生红外辐射，精确模拟飞行器的排气辐射光谱，用于欺骗红外导弹，发射机重12.7千克，控制器重0.45千克	已生产和装备
AN/ALQ-146	装备美国海军和海军陆战队的CH-46D/F等武装直升机	用两种电加热陶瓷棒作为红外辐射光源：一个位于座舱前上方；另一个位于后门的后上方	已生产和装备
AN/ALQ-147 "热砖"	用于各类固定翼飞机和旋转翼飞机，装于翼油箱的后端或者吊舱上	先由人工或自动控制装置向后突然喷出一定量的燃油，延迟一段时间（或距离）后立即燃烧，形成与载机完全相同的强红外辐射光能，从而诱骗来袭导弹丢失的目标	已生产和装备
AN/ALQ-157	装备美国三军的SH-3、CH-47、H-53等武装直升机及C-130运输机和P-3C预警机	模块式结构、采用铯灯发射脉冲	已生产和装备

红外制导导弹在跟踪目标时，导引头位标器调制盘产生与直升机空间位置相对应的目标信息。

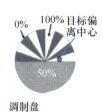
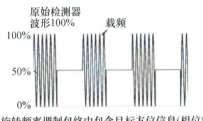

导引头位标器调制盘产生的目标信息

目标加装红外干扰机后，干扰信号直接引起调制盘产生的音响信号幅值和相位发生不规则变化，经过位标器电路处理后与基准信号相比较，产生与无干扰时不相同的导引信息，导致舵机调宽角时间发生变化，从而改变舵机等效控制力和舵机对导弹质心的偏转力矩，进而产生附加攻角和附加偏航角，引起导弹弹体的受力和力矩变化，最终结果导致弹道运行轨迹的偏离。

当导弹寻的器的视场内出现两个或两个以上红外辐射源时，寻的器将跟踪多点源的能量中心。当导弹接近目标和干扰机时，由于干扰机辐射的红外能量比目标大许多倍，寻的器的视场又不变，因此导弹将偏向干扰机制造的假目标，使真正目标得到有效的保护；对于压制式干扰机而言，由于它所产生的辐射十分强大，只要干扰机处于导弹探测器的视场内，进入导弹探测器的红外能量就可以使探测器无法工作甚至将其击穿。据此，红外干扰机必须满足以下条件，才能充分发挥其效力。

（1）干扰机的光谱辐射必须覆盖导弹导引头所响应的光谱区。

（2）干扰脉冲必须通过导弹的调制盘。

（3）干扰机辐射的红外能量必须足够大，且有足够的能量进入导弹目标红外信号处理装置。

（4）采用非相干光源的干扰机必须进行频率调制，且调制频率必须在导弹制导系统电路的通频带之内。

红外干扰机的干扰效果图

最早的全向红外干扰机,属于机械调制红外干扰,通过加热硅/碳块发射高量级红外能量。这些硅/碳块围成圆柱形,透镜在垂直面上,每个透镜都有机械开关,通过开关产生与导弹跟踪器内调制盘工作产生的能量波形相似的波形。于是,导弹跟踪器处理器接收干扰信号并将其作为有效红外目标。此类干扰机也被称为"热砖"干扰机,可在较大范围内输出干扰信号,因此无须攻击导弹的精确信息,可以干扰多枚导弹。

AH-1上的AN/ALQ-144(V)机械调制红外干扰机

此外,还有可电调制的红外干扰机,相比于机械调制红外干扰机,具有更高的调制频率,具有更好的干扰效果,典型装备如AN/ALQ-157(V)。AN/ALQ-157红外对抗干扰系统可以为大型运输直升机和中型固定翼飞机提供多重瞬时保护,以对抗地空和空空导弹的威胁。1983年12

月，洛克希德·马丁公司收到初始生产合同，为美国海军陆战队 CH-46 "海上骑士" 直升机生产此系统。系统曾在 "沙漠风暴" "持久自由之战" "伊拉克自由之战" 中使用。到 2001 年 1 月 30 日，BAE 系统公司波莫纳厂生产出第 5000 套 AN/ALQ-157 红外对抗系统。到 2004 年 8 月 24 日，该公司共收到总值 1200 万美元、用于美国海军陆战队 AN/ALQ-157 系统的维护与升级的合同，连同早期收到的合同在内，共涉及 350 多套系统的维护与升级。

AN/ALQ-157（V）电调制红外干扰机

AN/ALQ-157 红外对抗系统使用先进的部件和微处理器技术，操作员可选择干扰编码，并再编程以对抗未来的威胁。2 个固定在机身的同步干扰机提供连续 360° 保护，以对抗来自任何方向的威胁。电源模块、线性过滤器和飞行控制指示器可安装在飞机的任何部位。整个 AN/ALQ-157 系统由多个发射机单元、控制电源、电磁干扰滤波器组件及飞行员控制显示器构成。控制电源上的转换开关允许飞行时在 5 个预编程干扰编码中任选一个。当确定有新威胁出现时，AN/ALQ-157 的一个装置能够预先编制补充编码。系统操作顺序由微处理器控制，其配置基本上能保证提供昼夜防护。系统零部件的检查及自动战备状态（使用嵌入式专用测试电路）检测极其便利。

光电对抗：矛与盾的生死较量

直升机上的 AN/ALQ-157 型红外干扰机

截止到 2005 年，最新配置的 AN/ALQ-157（M）型红外干扰机已经过验证。此系统具有采用模块化、有效对抗多重和瞬时波段的红外威胁、综合微处理器控制、提供干扰编码选择功能、可重新编制编码程序的特点。装备有 AN/ALQ-157 型红外干扰机的美国和各国飞机包括 SH-3、CH-46、CH-47D、H-53、Lynx、C-130 和 P-3C 等飞机。已经有 1400 套系统销往全世界。

直升机上的 AN/ALQ-157 型红外干扰机安装图

AN/ALQ-204（V）Matador 红外干扰机有 11 种不同的配置，系统适合保护各种带非抑制电机的大型运输飞机。为实现最大范围的保护，每个发动机需配备一台发射机，覆盖方位360°。基本系统由发射机、控制装置和操作员控制器组成。发射机靠控制和监视一个或两个发射机的控制装置保持电子同步。操作控制器对于所有配置都适用，它控制1~7个发射机，并且有一个系统状态显示器。每个发射机都有一个发射脉冲辐射的红外源以对抗红外导弹。从操作控制设备上可以选择预定编程多重威胁干扰代码，如果需要，可以输入所有新代码对付新的威胁。发射机可以安装在发动机吊架内或采用吊舱安装。AN/ALQ-204（V）Matador红外干扰机服役于波音公司707和波音公司747飞机、洛克希德公司L-1011、英国航空公司VC 10和BAe146、A-340空中客车和海湾风暴G-IV飞机，目前所有设备都经过FAA认证，可用于国家首脑飞机、商用飞机和民用飞机。

安装在美国"空军一号"飞机上的ALQ-204红外干扰机

红外干扰机通过模拟飞机、舰船、坦克等的发动机及其他发热部件所产生的红外辐射，诱骗红外导弹，使之攻击失误，已成为平台自卫系统的一个重要组成部分。理想的红外干扰机应具有如下特点。

（1）能逼真模拟飞机、舰船、坦克等的发动机的热辐射，或其他发热部件所产生的热轮廓。

（2）有较宽的光谱范围，不仅对单波段制导的红外导弹有好的干扰效果，而且对采用多波段制导甚至复合制导的导弹也能奏效。

（3）有足够的辐射能量，具备较高的压制比。

（4）能全时工作，可在控制系统的导引下自动完成干扰的全过程。

（5）干扰视场应足够大并具有全方位的干扰覆盖能力。

（6）体积小，重量轻，结构紧凑，价格便宜，使用方便。

红外干扰机在国外大量装备，部分平台需要安装红外抑制器才能达到更好的干扰效果；随着红外制导技术的不断发展，曾经发挥重要作用的红外全向干扰机，对抗效能也在不断降低，尤其是新型红外定向干扰系统的逐渐成熟和批量装备，往昔英雄也逐渐走向穷途末路，仅有部分老旧机型还保持着红外全向干扰机的形态，终究难逃被替代的命运。美人迟暮，英雄末路，"最是人间留不住，朱颜辞镜花辞树"。

更小、更精、更高效
——美军红外定向干扰装备的发展

2018年1月7日,胡塞武装从地面发射改装后的R-27T红外制导导弹攻击沙特F-15战斗机,飞机告警后,飞行员加力飞行并释放红外干扰弹,结果号称"空战之王"的F-15战斗机被击落。

被R-27T红外制导导弹击落的F-15战斗机

根据过去30年飞机战损情况统计,有80%~90%的飞机是被红外制导导弹击落的。据美军评估,在一次导弹攻击中,加装电子自卫系统的轰炸机、军用运输机的生存率可以达到70%~90%,否则,将降低到25%左右。

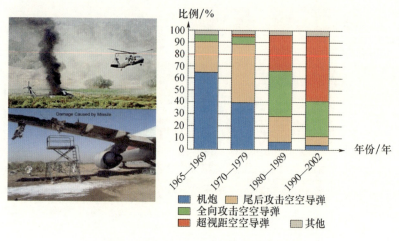

历年来被精确制导武器击落的战场平台

自20世纪60年代以来,红外制导导弹已经发展至第四代,体制上经历了从非制冷型红外点源调幅、制冷型红外点源调频、十字叉脉冲编码、玫瑰线扫描、红外紫外双色到如今最先进的红外成像制导,通过光谱滤光、目标识别、记忆跟踪、光谱鉴别、速率鉴别、脉冲编码、双色红外鉴别等手段,不断提升导弹在复杂战场环境的适应能力和抗干扰能力,使得传统的点源红外诱饵、全向红外干扰机等平台自卫手段对抗效能下降,因此各国纷纷开展红外定向干扰系统研制,以对抗不断增强的先进红外制导威胁。

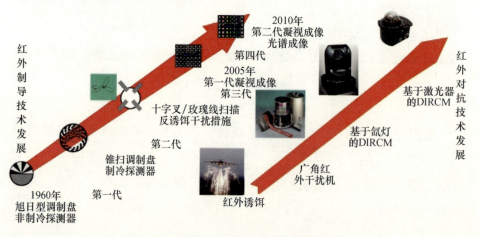

红外精确制导与红外对抗的技术发展

红外定向干扰系统是最新型的平台自卫装备,采用全自动式工作方式,在机载紫外/红外告警的引导下,通过对来袭红外制导导弹导引头进行捕获、跟踪、瞄准,将红外干扰能量集中到窄波束内并持续照射导引头,通过干扰导引头的跟踪和制导回路,增大其制导误差,使导引头工作混乱而无法识别、锁定目标,甚至达到致眩、致盲的效果,造成导弹脱靶,达到保护作战平台的目的。

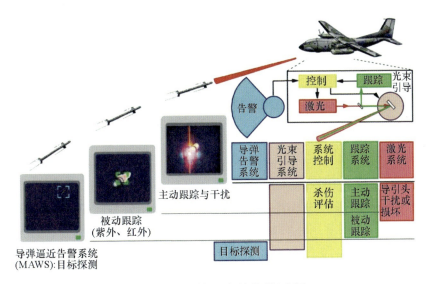

红外定向干扰系统的作战过程

红外定向干扰系统不仅可以对抗一、二代红外制导武器,还可有效对抗如光机扫描、脉冲编码、凝视成像等三、四代红外制导新装备,大幅提升各类型平台的战场生存能力。

红外定向干扰装备发展现状

自20世纪90年代,美军率先开展了红外定向干扰的技术研究和装备研制,已开发四代装备,用于保护长期在海外执行任务的直升机、运输机等平台,大约装备了4000多台套,50多种旋翼、固定翼平台。

美国诺斯罗普·格鲁曼公司的红外定向干扰系统家族谱

第一代红外定向干扰装备

第一代是基于弧光灯的红外定向干扰系统,发明于20世纪90年代初,主要特点是基于紫外告警器引导,采用两轴两框架/两轴四框架精确跟瞄转塔,采用窄波束(3~5°)弧光灯作为干扰源,系统反应时间约1~2秒,跟踪精度约1毫弧度,直径约20~40厘米,质量约40~60千克,单台功耗约1500瓦。主要代表型号产品为美国桑德斯公司(现BAE公司)的先进威胁红外对抗系统(ATIRCM,型号为AN/ALQ-212(V))、美国诺斯罗普·格鲁曼公司"复仇女神"红外定向干扰系统(DIRCM,型号为AN/AAQ-24)、大量装备于C-130、C-17、AH-64、CH-47、OH-58D、UH-60、CV-22等平台。

AN/AAQ-24　　　　　　AN/ALQ-212

第一代红外定向干扰装备

CH-47上的ATIRCM　　　　　　C-17上的DIRCM

安装在AH-64"阿帕奇"武装直升机上的DIRCM

批量列装的第一代红外定向干扰装备

第二代红外定向干扰装备

第二代红外定向干扰装备主要特点是采用波束更窄、光束质量更好的全固态固体激光作为干扰源，干扰效能进一步提升，跟瞄发射转塔进一步优化设计，具备更小的外露尺寸、更快的响应能力和更高的跟瞄精度。主要代表型号产品为：美国诺斯罗普·格鲁曼公司升级版DIRCM、BAE公司升级版ATIRCM和美国诺斯罗普·格鲁曼公司的大型飞机红外对抗系统（LAIRCM）等。

升级版DIRCM　　升级版ATIRCM　　LAIRCM

第二代红外定向干扰装备

诺斯罗普·格鲁曼公司的 LAIRCM 是基于 OPO 激光器的红外定向干扰系统，用高性能红外告警器替代紫外告警器，用小型化的激光转塔替代第一代转塔，具备更好的气动外形；用"蝰蛇"小型模块化空气冷却全波段固体激光器，能同时在三个波段产生红外激光：波段Ⅰ的功率是 3 瓦，波段Ⅱ的功率是 2 瓦，波段Ⅳ的功率是 5 瓦。耗电低于 80 瓦（平均功率）和 320 瓦（峰值功率）。激光器质量小于 4.5 千克，厚 5 厘米，LAIRCM 总质量为 51 千克。

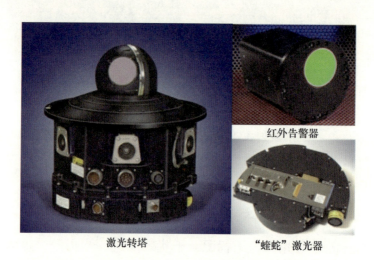

优化改进的 LAIRCM 系统组件

LAIRCM 是过去 10 年美军最重要的红外定向干扰系统装备，优先装备大型运输机，如 C-5、C-17 和 C-130 等运输机。

装备美军运输机、直升机的LAIRCM

批量列装的第二代红外定向干扰装备

第三代红外定向干扰装备

第三代红外定向干扰装备主要特点是采用更高效率的多波段激光器作为干扰源,主要包括高效一体化双波段激光器和量子级联激光器两种体制,采用镜塔跟瞄体制代替转塔体制,具备更小的外露尺寸、更短的系统反应时间和更高的跟瞄精度,采用模块化开放式系统架构和非专有接口,支持组件互换和技术植入,采用商用产品,降低系统成本。主要代表型号产品为美国 BAE 公司、诺斯罗普·格鲁曼公司、ITT 公司和雷声公司的通用红外对抗系统(CIRCM)。

BAE公司的CIRCM

诺斯罗普·格鲁曼公司的CIRCM

ITT公司的CIRCM

雷声公司的CIRCM

第三代红外定向干扰装备

美国 BAE 公司的 CIRCM 采用一体化刚性光具座结构,镜塔技术体制,高效率一体化双波段激光器,能保证装配、集成和飞行环境下的稳定性;诺斯罗普·格鲁曼公司的 CIRCM 采用 SELEX 伽利略公司的 ECLIPSE 指示器/跟踪器,质量 10 千克,跟瞄精度优于 0.6 微弧度,早期采用 Viper 全波段固体激光器;后续的研制方案采用了 Daylight 公司的多波段激光器,研制了新型商用处理器,具备较低成本、易维护和可扩展性强的特点。

试验中的 CIRCM

第四代红外定向干扰装备

第四代红外定向干扰装备以美国 DRS 公司（已被意大利莱昂纳多公司收购）的分布式红外定向干扰系统（DAIRCM，型号为 AN/AAQ-45（V））为代表，将红外定向干扰系统中的跟瞄干扰光束指向机构缩小孔径后，与高分辨率高精度红外告警结合起来，利用告警传感器作为精确跟踪传感器，将红外告警孔径、光束指向发射孔径和激光告警孔径相融合，通过集中激光器供电电源经高效率传能光纤分别给多个传感器提供激光能量，大大减小了系统的体积重量。系统可为机组人员提供导弹探测、敌方火力指示、态势感知、跟踪干扰、来袭导弹威胁预警能力。该装备 2018 年获得 3500 万美元研制合同，2020 年获得价值 1.2 亿美元的订货合同。

第四代红外定向干扰装备

装备市场前景预测与分析

2018年，从事提供防御与航空情报工作近30年的美国Teal集团公司发布了关于美国20年红外定向干扰项目投资历史与预测分析报告，预测未来红外定向干扰市场将稳步、持续发展。

美国未来20年红外定向干扰项目投资历史与预测图表

从上图中可看到，红外定向干扰市场呈上升走势。2006—2026年，每年用于红外定向设备市场的投资金额在4~12亿美元之间，占有市场份额最大的是诺斯罗普·格鲁曼公司和BAE公司。

（1）对红外定向干扰新系统和新技术的投资将始终保持上升态势，从2016财年到2021财年仍将保持3.7%的复合年平均增长率。

（2）诺斯罗普·格鲁曼公司从大型飞机红外对抗系统和通用红外对抗系统获得了更多的投资，在红外定向干扰系统方面将有一个稳健和持续发展的未来。

（3）每年采购金额超过6亿美元，价值100~200万美元、性能优良的红外定向干扰和导弹告警系统将会面世。

（4）在后续10年，随着第四代系统的不断成熟，美国及欧洲等地将为战斗机（F-15、F-16、F/A-18、"欧洲战斗机""阵风""鹰狮"等）采购红外定向干扰系统。

战场飞机的"金丝软肋甲"
——一体化自卫干扰吊舱

软猬甲,是金庸武侠小说中的护身宝甲,传说采用金丝和前年藤枝混合编织而成。据说身穿软猬甲可以刀枪不入,可防御内家拳掌,甲胄表面满布倒刺钩,如肉掌击于其上,必为其所伤。软猬甲可追溯到三国时期蛮族人的藤甲,据《南史》记载,西曹掾蒲元为诸葛亮打造短袖铠帽,"二十五石弩射之不能入",让蜀汉将士生存力和战斗力得到质的提升。

现代立体化战争中,要取得战争的主动权,必先取得区域制空权,要获取区域制空权,必先具备空中优势战机。随着制导技术的发展,战场飞机平台面临着日益严重的精确制导导弹威胁。

2003年,欧洲DHL A-300飞机在伊拉克巴格达机场起飞后不久,被伊拉克叛乱分子发射的SA-7肩扛式地空导弹击中,被迫紧急迫降。

被SA-7肩扛式地空导弹击中的空客 A-300飞机

2003年，美国的"黑鹰"直升机被伊拉克游击队击落，造成5名士兵受伤。

被肩扛导弹击落的美国"黑鹰"直升机

2020年3月，两架阿拉伯叙利亚空军苏-24喷气式飞机被土耳其F-16战斗机击落，一架土耳其"安卡"-S无人机被叙利亚防空系统击落。据不完全统计，过去30年里在战场上损失的飞机中被红外制导导弹击落击伤的约占93%。

被击落的苏-24喷气式飞机和"安卡"-S无人机

随着导引头抗干扰的能力不断提升，传统对抗手段对新型导引头特别是凝视成像型导引头的干扰能力越来越弱，需要发展新的对抗手段以对抗新型红外制导导弹的威胁，实现对飞机平台的有效保护。

美国AIM-9X"响尾蛇"空空导弹

以色列"怪蛇"-5空空导弹

美国"毒刺"防空导弹

法国"西北风"超近程便携式防空导弹系统

不断发展的红外制导导弹威胁

  战场飞机生存能力就成为保障战争主动权的重要因素。面对越来越多的威胁,世界各国都相应推出了各自针对性较强的单一功能机载自卫装备以应对可能存在的威胁。

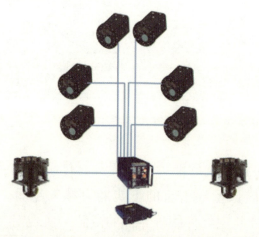
美国陆军各型直升机上的机载光电综合自卫装备

  多体制一体化复合制导武器的应用,使得机载自卫电子对抗系统将面临更加严峻的考验，一体化光电综合自卫干扰吊舱应运而生成，成为保障战场飞机安全的"金丝软猬甲"。

典型的一体化光电综合自卫干扰吊舱

一体化光电综合自卫干扰吊舱主要包括紫外告警/红外告警单元、激光告警单元、红外干扰弹及发射装置、箔条雷达无源干扰器材、激光有源干扰装置及干扰吊舱，有时也装备雷达告警及雷达有源干扰装置。一体化光电综合自卫干扰吊舱通过告警设备探测威胁或来袭目标，并综合利用机上信息对威胁进行识别判断，生成综合自卫对抗策略，通过投放红外诱饵、箔条雷达无源干扰器材、发射激光或雷达干扰实施对抗，使得来袭导弹丢失目标。达到保护载机平台的目的。

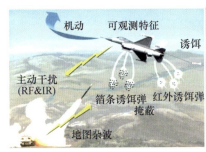

一体化光电综合自卫干扰吊舱工作原理

一体化光电综合自卫干扰吊舱具有配置灵活、战时对威胁环境的反应能力强等特点，尤其适用于现役飞机平台自卫能力升级改造，可快速提升平台的战场生存能力。

AH-64 及米格 -24 的一体化光电综合自卫干扰吊舱

随着现代战场电磁环境的日益复杂，作战飞机所面临的威胁种类数量越来越多。由于受载机平台重量、供电、飞行性能等因素的制约，现役飞机通常只能挂载一个自卫对抗干扰吊舱，使得飞机的自卫功能相对单一，难以做到全面自卫以应对日趋复杂的形势。因此，彼此分立、功能单一的自卫对抗干扰设备已无法全面满足机载自卫电子战的需求，发展多功能、实时性、自适应性强、自动化程度高的一体化综合自卫干扰吊舱，研制小型的综合一体化机载电子对抗系统将是机载自卫电子对抗的发展方向。

典型的直升机载一体化光电综合自卫干扰吊舱

美国是最早研制一体化光电综合自卫干扰吊舱的国家，模块化飞机生存能力设备（MASE）是目前最新的平台防护装备。模块化飞机生存能力设备基本型由一系列标准化模块构成，可包括前、后导弹告警传感器、前向和侧向发射干扰弹投放器、红外定向对抗（DIRCM）系统（替代标准吊舱接口/侧向干扰弹投放器），以及激光和雷达告警器和/或主动电子对抗装置，这些设备可根据具体要求进行组合。典型的模块化飞机生存能力设备基本型可包括特马公司 AN/ALQ-213（V）电子战管理系统、导弹告警系统（如 AN/AAR-60 导弹告警系统，该系统包括惯性测量单元）以及特马公司先进对抗措施投放系统。模块化飞机生存能力设备基本型/AN/ALQ-213（V）组合可在自动、半自动和手动模式下操作。

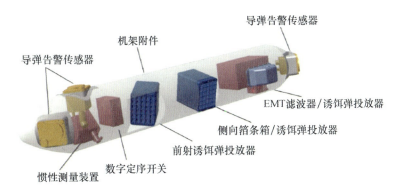

模块化飞机生存能力设备吊舱应用设计图

第一、二代模块化飞机生存能力设备吊舱

特马公司直升机保护解决方案

模块化生存能力设备基本型已部署在其他国家的 AH-64D、AS-532、AW101、CH-47D/F、米-17 和米-24 直升机上。荷兰 NH90 直升机以及阿联酋 IOMAX Archangel Block 3 边境巡逻机也装备了该型设备，阿联酋购买的设备包含导弹告警传感器和对抗措施投放器。

NH-90 直升机和 Archangel 飞机的 MASE 吊舱

俄罗斯的"总统"-S 机载防御系统也安装了一体化光电综合自卫干扰吊舱，由告警模块和干扰模块两大部分组成。告警模块包括：雷达信号告警接收单元、激光告警系统、导弹逼近告警单元。干扰模块包括主动无线电干扰单元、非连续性光学 / 电子压制单元和激光光学 / 电子压制单元。

"总统"-S 机载防御系统

"总统"-S 机载防御系统能够自动探测到导弹发射行为，并激活自身的主动干扰方法实施干预，实际上就是干扰来袭导弹的瞄准系统。"总统"-S 已经装备埃及的卡 -52 和米 -17 直升机，阿尔及利亚的米 -17、米 -26 和米 -28 直升机，白俄罗斯的米 -8 直升机上。

米 -26 直升机上的"总统"-S 机载防御系统

此外，还有意大利莱昂纳多公司研制的 Miysis 系统，采用了当前"最轻"的红外定向干扰装置，最大限度地使用改进的现货供应/商用产品硬件，包括两个集成激光指示器/跟踪仪、一个加固电子控制单元和一个座舱接口单元，还综合有导弹告警子系统。

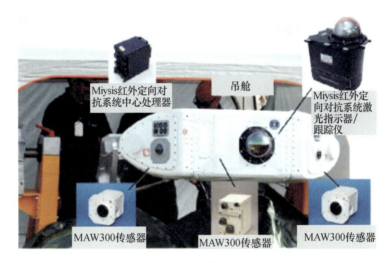

Miysis 系统组成

最新型的 Miysis 一体化光电综合自卫干扰吊舱

典型的运输机载一体化光电综合自卫干扰吊舱

美国诺斯罗普·格鲁曼公司在大型飞机红外对抗系统（LAIRCM）

的基础上，开发了用于运输机平台的一体化光电综合自卫干扰吊舱——"守护者"系统。诺斯罗普·格鲁曼公司于 2001 年 9 月获得研发合同，并于 2004 年 7 月完成了 C-130H 机载系统的初始作战测试和评估。

"守护者"系统

"守护者"系统包括 4 台紫外告警、1 台红外定向干扰设备，吊舱系统总重约 227 千克，用于对便携式红外制导威胁进行干扰，主要防护飞机下半球空域。多种美国飞机都装备了该产品，包括美国空军的 C-17、C-130、KC-135、KC-10 及 C-5 运输机和加油机。

美国 KC-135R 上的一体化光电综合自卫干扰吊舱

典型的战斗机载一体化光电综合自卫干扰吊舱

美国海军为 F/A-18E/F 战斗机开发了用于战斗机的机载一体化光电

综合自卫干扰吊舱（TADIRCM），系统采用双色红外凝视告警，以及新研制出的一种尺寸较小，气动性能更好的"敏捷眼"微型干扰头，仅比飞机表面高出约8.89厘米，雷声公司、诺斯罗普·格鲁曼公司以及BAE系统公司参与了该产品的研发。

TADIRCM 系统组成图

改进后的 TADIRCM 系统具有以下特点：一是具有可多次使用的对抗手段，只要双色导弹告警系统探测到威胁，干扰头就能及时对其发射足够高的激光能量，然后可以准备去对付另外的威胁，增强了战斗机对抗空空导弹的多重威胁的能力；二是在威胁严重的战斗环境下，飞行员可将 TADIRCM 系统设置成自动工作模式，即一旦导弹告警系统发现威胁，它就立即提示"敏捷眼"干扰头将激光能束对准威胁，可减轻飞行员的工作负担。

一体化光电综合自卫干扰吊舱

2006年，在系统初始适用评估完成后，海军将该项目拆分成用于直升机的"攻击型"红外定向对抗系统和用于快速喷气机的"打击型"

红外定向对抗系统两个项目。

典型的无人机载一体化光电综合自卫干扰吊舱

美国通用原子航空系统公司与美国特种作战司令部签署的合作研发协议,为 MQ-9 "死神"无人机研制了一种无人机机载平台自卫防护吊舱（SPP）。MQ-9 "死神"无人机机载平台自卫防护吊舱包含一个 ALR-69A 雷达预警接收机,一个 DRS 公司的 AAQ-45 分布式孔径红外对抗（DAIRCM）系统,其可利用双色红外告警器对威胁目标进行告警、跟踪,并通过万向节控制激光束定向干扰来袭导弹的导引头,可为机组人员提供导弹探测、敌方火力指示和态势感知能力,并能跟踪和干扰来袭导弹威胁。它还携带一套 ALE-47 电子对抗投放系统用于照明弹、箔条和其他机载诱饵,这些子系统由安装在吊舱上的 ALQ-213 电子战管理系统控制。

MQ-9 无人机机载平台自卫防护吊舱

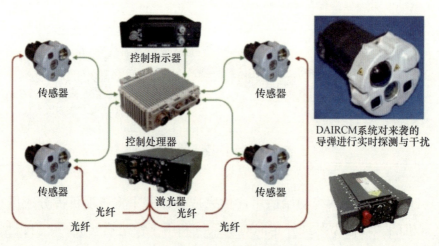

DAIRCM 系统组成图

典型的商用飞机一体化光电综合自卫干扰吊舱

为有效应对恐怖分子肩扛式红外制导导弹威胁的袭击，美国、以色列等国开发了用于商用飞机平台的一体化光电综合自卫干扰吊舱。美国诺斯罗普·格鲁曼公司研发了"守护者"系统，作为美国国土安全部项目的一部分已在某些商用喷气机上进行了验证。

诺斯罗普·格鲁曼公司用于商业飞机的"守护者"系统

安装在波音-747飞机和MD-10飞机上的"守护者"系统

以色列埃尔比特系统公司研制的多光谱红外对抗系统（MUSIC），共有四个生产型号。目前，主要用于要员专机使用，后续将全面装备以色列民用客机。2009年6月，以色列运输部订购了民用MUSIC（C-MUSIC）系统以保护所有以色列商用机，后续发布了J-MUSIC DIRCM系统，可与各种导弹告警系统集成，分布安装在中型和大型喷气机平台。

C-MUSIC 和 J-MUSIC 一体化光电综合自卫干扰吊舱

以色列飞鸟航空系统公司研制的"空盾"全配置吊舱首次亮相在第 52 届巴黎航展,"空盾"全配置吊舱包括飞鸟航空系统公司的红外定向对抗系统、导弹发射探测传感器以及 4 个诱饵投放器。"空盾"全配置吊舱可为窄体和宽体飞机以及要员喷气式飞机提供最全面的飞机反导防护,目前已装备要员飞机。

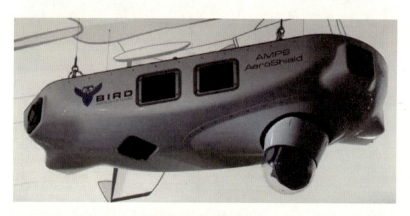

"空盾"全配置吊舱

"空盾"全配置吊舱采用独特的专利技术,导弹逼近传感器可通过主要的光电无源传感器对疑似来袭导弹是否是威胁进行确认,基本消除虚警。在收到来自光电传感器发出的预警后,导弹逼近确认传感器将转向来袭威胁方向并验证威胁的有效性。同时,导弹逼近确认传感器还收集关于来袭威胁目标的信息(速度和距离)并计算其弹道信息,可对来袭导弹采取最有效的对抗响应。在光电传感器和导弹逼近确认传感器之间的验证过程可对所有已知的自然界和人造虚警进行有效过滤，导弹逼近确认传感器确定只有真实的导弹才能被系统确认发出警报并做出防护反应。

"空盾"全配置吊舱及其保护平台

克劳塞维茨在《战争论》中说，防御是一种比进攻更强的作战形式。在现代战争中，如何提升平台的战场生存能力，更大限度地保护战场作战单元，一体化光电综合自卫干扰吊舱将为战场飞机生存能力提升提供重要手段。

"四两拨千斤"
——激光欺骗干扰的"以柔克刚"之术

现代和未来战争愈来愈重视武器系统的"百发百中"和附带损伤。激光制导武器作为精确制导武器家族中的重要一员,其在历次局部战争中的使用数量和发挥作用日益增长。

美军先进精确杀伤武器系统Ⅱ火箭弹(又称 AGR-20A)

越战期间,美军为摧毁横跨马江的清化大桥,从 1965 年到 1972 年的七年时间里,对这座大桥发动了 869 次轰炸,损失 11 架战机,却没能将其摧毁。然而,在 1972 年 5 月,美军利用"宝石路"系列激光制导炸弹一天之内就将其摧毁;在伊拉克战场中,美军利用 B-2 和

F-117隐身轰炸机先后投射4发激光制导炸弹精确命中萨达姆刚刚离开的开会地点；2003年4月，美军又向萨达姆父母与政府高级官员开会的地点发射4枚"宝石路"激光制导炸弹，精准击中目标；在科索沃战争中，以美国为首的北约国家，利用激光制导武器对南联盟总统府邸实施了精确打击，国防部、武装警察总部都遭受到了激光制导武器的轰炸，1999年5月7日，北约美军向我驻南联盟大使馆投掷了5枚精确制导弹药，远在异国的同胞遭受到了来自恶魔的撕咬。2001—2002年，美军利用装载激光制导武器的"捕食者"无人机，先后在阿富汗和巴基斯坦等地将"基地"组织的重要人物击毙。

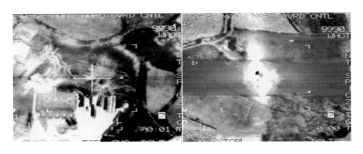

被激光制导炸弹攻击的目标

激光制导武器的制导方式依激光目标指示器在弹上或不在弹上分为主动式或半主动式两种。导引体制也有追踪法和比例导引法两种。目前装备较多的是半主动式比例导引激光制导武器。半主动激光制导武器多为机载，用来攻击地面重点军事目标。典型的半主动激光制导武器有法国的"马特拉"（炸弹）、美国的"宝石路"（炸弹）"海尔法"（导弹）和"幼畜"（导弹）等。激光制导系统主要由弹上的激光导引头和弹外的激光目标指示器两部分组成，激光目标指示器可以放在飞机上，也可放在地面上。激光导引头利用目标反射的激光信号来寻的，通常采用末段制导方式。激光末制导的制导过程是：弹体投出后，先是按惯性飞行，此时机上目标指示器不发射激光指示信号，当弹体飞近目标一定距离时，激光目标指示器才开始向目标发射激光指示信号,导引头也开始搜索从目标反射的激光指示信号。为增强激光制导系统的抗干扰能力,激光制导信号往往还采用编码形式。导引头在搜索从目标反射的激光信号的同时,还要对所接收到的信号进行相关识别,当确认其符合自身的制导信号形式后,才开始进入寻的制导阶段,直至命中目标。目前,半主动激光制导武器的激光目标指示器,多采用固体雷射脉冲激光器,激光波长为1.06微米。

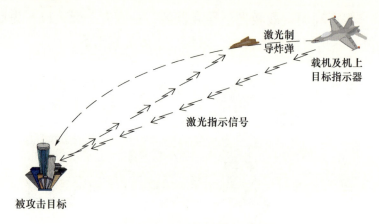

半主动激光制导过程示意图

近年来,随着无人机技术的飞速发展,特别是具备目标识别与激光指示功能的无人机大量装备部队,激光制导武器纵深精确攻击重点固定、机动目标的能力进一步提高。

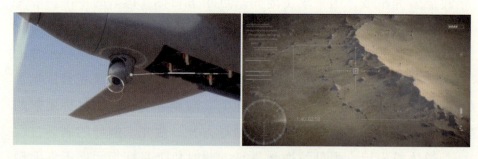

察打一体无人机激光制导的广泛应用

面对激光制导武器的巨大攻击力和威慑力，寻求高效、便捷、有效对抗激光制导武器的防护系统，一直是军事科学家们追求的目标，而激光欺骗干扰是对抗激光制导武器的有效手段。

激光欺骗干扰是通过发射、转发或反射激光辐射信号，形成具有欺骗功能的激光干扰信号，扰乱或欺骗敌方激光测距、激光制导系统，使其得出错误的方位或距离信息，从而极大地降低光电武器系统的作战效能。激光角度欺骗干扰的主要对象是激光制导武器，包括激光制导炸弹、导弹和炮弹。激光角度欺骗就是通过在被保卫目标附近放置激光漫反射假目标，用激光干扰机向假目标发射假信号，进入激光导引头的接收视场，使导引头产生目标识别的角度误差。当导引头上的信息识别系统将干扰信号误认为制导信号时，导引头就受到欺骗，并控制弹体向假目标飞去。

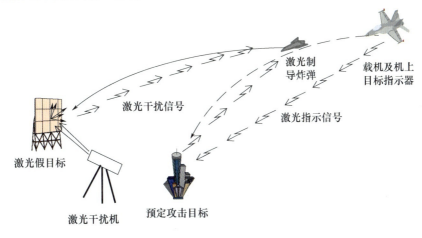

激光有源欺骗干扰示意图

为了增加抗干扰的能力，激光制导武器通常会对指示激光进行编码，导引头在接收到反射的激光后还会对其进行识别判断，确认无误后才会利用它进行制导。因此，实现角度欺骗不仅要保证欺骗激光与敌方的指示激光具有相同的波长、重频、编码、脉冲宽度等特性，还要保证两者的时间上同步或相关。

激光欺骗干扰车队机动伴随防护场景

围绕不同层次作战需求,利用激光对威胁对象进行定向照射,使其无法正常发挥效能或达成作战企图,甚至摧毁来袭目标的激光对抗应用倍受军事强国瞩目。半个世纪以来,多个国家先后开展了激光干扰系统多个项目研发和装备应用转化研究。典型装备如美国的 LATADS 激光对抗系统和美国的 AN/GLQ-13 车载有源欺骗干扰系统。

(1)美国 LATADS 激光对抗系统。LATADS 激光对抗系统用于欺骗"红土地"激光制导炮弹、"海尔法"导弹和 AS-30L 等半主动激光制导武器,对战车和战术作战中心、指挥控制中心一类较大的固定目标提供防护。该系统由美国休斯公司和丹伯里公司联合研制。

LATADS 系统 2002 年 5 月实弹测试,2006 年装备,该系统采用直照地物的方式进行干扰。采用高精度激光告警接收机探测来袭武器的激光指示器的激光调制模式,随后对自己的对抗激光器编程,使之发射模拟来袭武器激光指示器的波形,对抗激光器发射的激光束指向地面上处于来袭武器最大杀伤半径之外的某一点,以躲开来袭武器的攻击。该系统脉冲激光体制,激光波长 1.06 微米,视场为 360°。

(2)美国 AN/GLQ-13 车载有源欺骗干扰系统。AN/GLQ-13 车载有源欺骗干扰系统是战车综合防护系统的组成部分,由美国陆军研制,用来对抗通过激光目标指示器制导的激光制导反坦克弹。系统发射与敌方激光目标指示器完全相同的激光目标指示信号，投射到假目标上，诱骗敌方激光制导反坦克弹射向假目标。AN/GLQ-13 的激光体制为脉冲，激光波长为 1.06 微米。

AN/GLQ-13 主要应用于战车综合防护系统，该系统采用了激光侦察告警、激光有干扰和激光无源干扰等项技术。

城市背景下点目标激光欺骗干扰场景

激光欺骗干扰的主要关键技术如下。

（1）来袭威胁目标识别技术。包括对来袭威胁目标的定向探测和激光引信发射信号的综合告警两个部分。威胁目标的定向探测技术实现对来袭目标的威胁定位。激光引信发射信号的综合告警是通过光电探测技术实现对激光威胁信号的原码识别，以及激光引信发射视场和接收视场的相关识别，引导激光有源干扰机的信号输出方位和发射频率。

（2）快速信息处理发射技术。采用脉冲时序相关特性分析等信息处理方式，实现对激光威胁信号发射规律的分析判断，确定激光干扰信号的干扰频率和发射方式，并生成干扰触发控制信息，驱动激光干扰发射机输出激光干扰脉冲。

激光欺骗干扰对城市中建筑物的防护

激光欺骗干扰的未来发展趋势如下。

（1）多功能综合一体化技术。现代战场上的电磁（光电）威胁环境日趋复杂多样，武器平台人员要应对这些威胁并采取有效对抗措施变得越来越困难。激光干扰系统多功能综合一体化：一是指激光有源干扰的子系统，包括探测、告警、干扰等子系统的综合；二是指依靠光学技术、高性能探测器件、数据融合技术等的发展，将来袭激光信息识别处理、激光欺骗干扰光源发射、漫反射假目标设置构成有机整体，从设备级对抗发展为系统和体系的对抗，提高战场作战效能。

（2）抗随机编码的新体制激光欺骗干扰。为了提高自身的抗干扰能力，激光制导技术也在开发新的抗干扰措施和方法，其中一个重要措施就是制导信号采用随机编码形式。所谓随机编码，是指在一次制导过程中，指示器所发射的激光制导脉冲信号，其脉冲间隔的变化没有规律可循，每一个激光脉冲信号的到达时间都是貌似随机的，系统外的任何非合作设备都无法对其进行破译，这给现有的激光欺骗干扰技术带来严重挑战。在这种情况下，需要另辟蹊径，探索具有编码自适应能力的新体制激光欺骗干扰方法和技术，实现对采用随机编码的激光半主动制导武器的有效对抗。此外，国内外正积极研究激光驾束制导、激光主动制导的激光欺骗干扰技术。

（3）多光谱、多层次全程主动干扰。随着激光制导技术的发展，激光目标指示信号的频谱将不断拓宽，只具有单一激光波长对抗能力的激光干扰系统将难以适应战场的需要，而激光威胁光谱识别技术是实现多频谱对抗的先决条件。双色制导、复合制导、综合制导武器的出现，使得光电对抗必然向多层防御全程主动干扰发展，从而提高对光电精确制导武器整体作战效能。

激光欺骗干扰所需的激光能量并不高，正是借用巧劲制敌先机，引偏来袭的激光制导武器，达到"四两拨千斤""以柔克刚"的效果。光电武器和激光干扰互为"矛"和"盾"，相互掣肘，又相互促进，在掣肘中提高，提高后又继续掣肘……

百步穿杨之激光武器

"屠龙之技"还是终极梦想?
——激光武器的前世今生

自1960年梅曼制成第一台红宝石激光器以来,人们就希望把光制成武器。在乔治·卢卡斯的著名科幻电影《星球大战》中便有激光剑的设想,激光剑虽然尚不能实现,但激光武器却早已成为各国科研人员的重要研究方向。

《星球大战》中的激光剑设想

人类战争经历了冷兵器战争时代、热兵器战争时代、机械化战争时代后,进入了信息化战争时代。随着科技和工业水平的不断提高,如今在陆地、海洋、空中、外太空都出现了高能激光武器的身影。激光武器这个以光速投射毁伤能力的新概念武器的大规模使用必将改变现有的战争模式,对世界的政治格局产生深远影响。恩格斯在《反杜林论》中说:"一旦技术上的进步可以用于军事目的并且已经用于军事目的,它们便立刻几乎强制地,而且往往是违反指挥官的意志而引起作战方式上的改变甚至变革。"

自第一台激光器问世,激光武器系统就逐渐成为许多国家追求的目标。20世纪中后期,先后研发高能钕玻璃激光器、气动二氧化碳激光器、化学激光器、自由电子激光器等激光器。特别是1983年美国总统里根提出"战略防御倡议"后,投资猛增,激光武器研发工作形成高潮。在第一轮竞争中,氟化氢和氧碘两种化学激光器先拔头筹,功率分别达十万瓦级和兆瓦级,已正式纳入武器装备的研发计划。

国外高能红外激光系统发展历程

空基激光实验室

早在1976年,美国空军开展了空基激光实验室计划。基于NKC-135载机验证跟踪和摧毁空中目标的能力。空基激光实验室使用二氧化碳激光器,其波长10.6微米,输出功率达456千瓦,并可维持8秒,

经过处理后从武器系统输出时的功率能达到 380 千瓦，可在 1 千米外的目标上实现每平方厘米 100 瓦的功率密度。空基激光实验室项目历时 11 年之久，共击落 5 枚 AIM-9B "响尾蛇" 空空导弹和 1 架 BQM-34A "火峰" 靶机，解决了激光武器实用化过程中的主要问题。

空基激光实验室

机载激光武器系统

1977 年，美国空军发明了新的氧碘化学激光器，基于此，开发了机载激光武器系统。

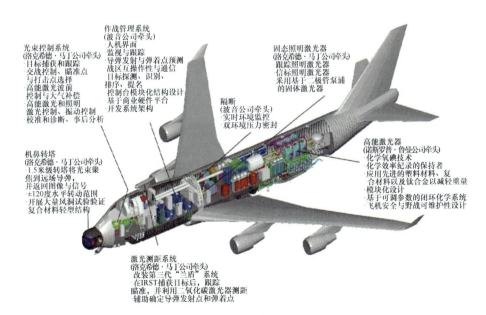

机载激光武器系统解剖图

美国机载激光武器系统最初主要针对"飞毛腿"等弹道导弹目标,也能攻击飞机和巡航导弹,同时还具有反卫星能力。机载激光武器系统一般安装在波音747-400F飞机上,在12千米高空飞行,在数百千米远距离能自动发现、跟踪、瞄准并摧毁敌方处于助推阶段的弹道导弹,并可提供精确的轨道数据,可极大提高中段和末段导弹防御系统的性能。

机载激光武器系统

天基激光武器

1983年,著名的"星球大战"计划出笼,美国国防部大胆提出了天基激光武器计划,由美国战略防御计划局负责实施;1987年,美国总统里根观看了大型天基激光武器模拟演示,打掉了10个模拟的苏联助推器目标;苏联解体后,美国的作战战略发生变化,天基激光武器的主要任务由防御洲际弹道导弹转为防御战区弹道导弹,提出的系统改进思路是:在高度为1300千米、倾角为40°、不同升交点赤经的圆轨道上,部署24个天基激光武器构成全球星座。每个天基激光武器能摧毁以其为中心、半径为4000千米范围内的导弹,根据目标距离不同,可在2~5秒内摧毁飞行中的导弹。

天基激光武器的作战概念图

先进战术激光武器系统

20世纪90年代，波音公司研发先进战术激光武器系统项目，该项目由波音公司的导弹防御系统部和美国空军联合实施。系统被安装到现役的C-130H运输机上，作用距离为10千米（地对空作战）和20千米（空对空作战或空对地作战）。

2006年9月，基于高功率化学氧碘激光器的先进战术激光武器系统进行了首次地面发射试验。同年10月，波音公司在经过改装的C-130H运输机上安装了一台50瓦的低功率固态激光器作为替代品，并进行了跟踪地面固定和移动目标的飞行试验。2009年6月，先进战术激光武器系统飞机首次在飞行中成功发射大功率激光波束，烧毁了一个地面假目标。9月，先进战术激光武器系统在白沙导弹靶场又一次成功击中地面机动目标，在目标上烧出了一个孔洞。试验成功验证了先进战术激光武器系统瞄准和攻击地面机动目标的能力。

装载在AC-130运输机上的先进战术激光武器系统

舰载高能红外激光武器

1977 年，美国海军实施的"海石"计划，目的就是建造更接近实用的舰载高能红外激光武器。1983 年初，美军在白沙导弹靶场建立了高能激光武器系统实验装置，作为舰载高能红外激光武器的试验平台。

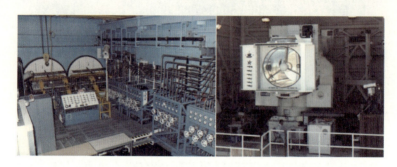

中红外先进化学激光器与"海石"光束定向器

高能激光武器系统试验试验装置使用一台兆瓦级连续波 DF 化学激光器，光束定向器发射镜是直径 1.8 米的凹面镜。以连续波 DF、化学激光器或海石光束定向器为基础的舰载高能红外激光武器系统是模块化的，主要部件有激光器、压力恢复系统、燃料供给装置、光束定向器。

按计划，美海军准备将舰载高能红外激光武器系统安装在军舰上进行海上试验。冷战结束后，美国海军作战重点从远洋转移到沿海区域，作战环境发生了巨大变化。另外，美国海军研究认为，高能红外激光器的 3.8 微米波长激光在沿海环境下热晕效应较严重，美国海军最终倾向于选择 1.6 微米的最佳波长。美军于 1995 年宣布放弃"海石"计划，而启动高能自由电子激光武器计划。

车载战术高能红外激光武器系统

1995 年，美国陆军空间和战略防御司令部定义了战术高能红外激光系统的轮廓。战术高能激光系统由 C^3I 系统、瞄准/跟踪系统、激光器等三个分系统组成，主要用于防御巡航导弹、反辐射导弹、近程火箭、无人驾驶飞行器和直升机以及穿透其他防御网的近距离点目标，保护前线附近的军队集散地和城市，或起反恐怖作用，保护军事基地和居民区。系统的硬杀伤距离是 1 千米，而对传感器的杀伤距离可达 10 千米。激光器的发射率为每分钟 10 发。美国陆军估计建造战术高能红外激光系统工程样机的费用为 1.65~1.75 亿美元。

瞄准跟踪系统

C^3I 系统

激光器系统
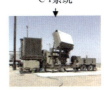

战术高能激光系统组成

系统装在三辆车上，一辆装氟化氘激光器，一辆装激光燃料，最后一辆装火控雷达。该系统 20 世纪 90 年代中期开始研制，1996 年 2 月在白沙导弹靶场完成杀伤力演示试验，成功击落 2 枚"喀秋莎"火箭弹，后于 1999 年底移交以色列进行试验。

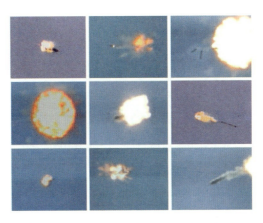

战术高能激光系统对迫击炮的毁伤试验影像图

21世纪以来,几种新型固体激光器的平均功率屡创新高,平均功率100千瓦的固体激光武器已被认为是中近期内可以实现的目标。美国军方和激光界对固体激光武器的潜在优势基本达成共识,鉴于以上优势,固体激光武器系统已成为美国海、陆、空三军和海军陆战队都看好的最有希望的下一代激光武器系统。

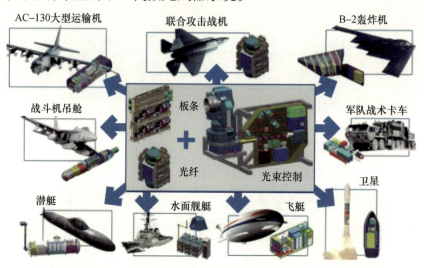

诺斯罗普·格鲁曼公司100千瓦级固体激光武器的应用设想

基于板条固体高能红外激光和光纤激光武器的研究成为近年来的热点,并成为最有可能装备各个军兵种的高能红外激光对抗系统。

"复仇者"激光武器系统

"复仇者"激光武器系统是一种安装在高机动多用途轮式"悍马"车上的轻型近程防空系统,采用"毒刺"防空导弹防御巡航导弹、无人机和直升机等低空目标。波音公司对其进行了改装更换,在系统中增加了激光系统,用于清除未爆弹药和简易爆炸装置。增加激光武器的系统仍保留了半数毒刺导弹和50毫米口径机枪,系统右侧的四管导弹发射架改装成了激光系统,而左侧仍保留了四管导弹发射架。该系统采用美国IPG光子公司的掺镱光纤激光器,激光器功率1千瓦,波长 1.08 微米，效率超过 30%，射程 100 米 ~1 千米。

"复仇者"激光武器系统

2007 年 9 月，"复仇者"激光武器系统成功进行了一系列演示，试验中采用 1 千瓦光纤激光器的"复仇者"激光武器系统摧毁了 5 个未爆弹药和简易爆炸装置目标以及停放在地面上的小型无人机。

"复仇者"激光武器系统对炮弹及无人机的毁伤试验

2009 年，波音公司在白沙导弹靶场再次对"复仇者"激光武器系统进行测试。系统的激光器输出功率已经增大了 1 倍。而且具备了更为先进的搜索、跟踪和瞄准能力，在复杂的山地和沙漠环境中成功击落了 3 架飞行中的无人机，在红石兵工厂摧毁了 50 种不同的爆炸装置。

激光区域防御系统

激光区域防御系统（Low-Altitude Detection System，LADS）是雷声公司研制的具备近距点防御能力的低成本激光武器系统。其在现有的"密集阵"近防系统的基础上改造而来，主要利用原系统的火控雷达，而原有的20毫米转膛速射炮被固体激光器取代。该系统分为海军型和陆军型两种型号计划取代海军的"密集阵"和陆军的"百夫长"近防系统。

LADS 原型机

LADS 主要由舰载或车载基座、传感器、火控系统、光纤激光器和光束控制系统构成，主要用于机场、战区基地、港口、舰艇的防御，可对抗多种目标，包括火箭弹、炮弹、无人机、传感器、无装甲车辆、浮动水雷和小型船只等。由于LADS采用了电力驱动的固体激光器因而体积相对较小，后勤保障也容易。

2007年1月，雷声公司宣布激光区域防御系统原型机已经成功完成了静态地面测试，利用一台20千瓦光纤激光器，在超过502米的距离上成功摧毁了60毫米迫击炮弹。此后的一段时间雷声公司又把LADS的激光器功率升级到50千瓦。2009年2月份，美军在白沙导弹靶场对陆军型 LADS 进行了作战性能和效果测试。

高能激光技术验证系统

2008 年，波音公司获得美国陆军合同，开展高能激光技术验证（High Energy Laser Technology Demonstrator，HEL TD）系统研制，设计、制造、测试并评估一种坚固耐用的车载光束控制系统。HEL TD 系统是美国陆军高能激光器计划的基础，该演示计划将逐渐过渡为成熟的陆军采购计划。

高能激光技术验证机被设计成为全功率武器（约 100 千瓦），设计要求强调对人的要求最小、封装形式支持现场有限替换以及维护方便等问题。高能激光技术验证机计划还为战场整合进行专门设计，包括 C-17 运输机可运输性以及指挥控制和通信系统与当前作战的兼容性。另外，高能激光技术验证机还采用了模块化设计，以方便未来的升级。

HEL TD 系统及光束控制装置

HEL TD 系统的操作流程是：首先，系统对目标进行捕获跟踪，并进行目标瞄准点的选择；然后，HEL TD 系统接收来自大功率激光器的光束，并进行整形；最后，将光束聚焦在目标上。HEL TD 系统主要包括：系统作战管理系统、高能激光、激光整形合束单元（包含变形镜、光束整形单元、快反镜）、大口径同轴跟瞄发射系统（包含主发射窗口、主镜、次镜、库德光路反射镜、窄视场精确跟踪单元）、照明激光器、中波红外捕获单元、激光测距、集成热控组件、GPS/INS 等。

HEL TD 系统光束发射集成图

激光武器系统

2010 年,美国海军开展了基于单模光纤激光组束合成激光武器系统(Laser Weapon System,LaWS)的研制,项目承包商为雷声公司,该系统采用 6 台 IPG 公司生产的 5.5 千瓦级光纤激光器,实现总输出功率 33 千瓦,发射系统口径为 600 毫米,光束质量 BQ 值为 17,用于对抗无人机和光电制导导弹,实现对威胁目标的硬损伤。

LaWS 早期样机及最新样机

2012年，LaWS进行了海上打靶试验，成功击落了无人靶机。

LaWS 在海上对无人机的毁伤试验

2014年，美国海军在驻扎在波斯湾的海军舰艇庞塞号上部署了 AN/SEQ-3 激光武器系统，也称为 XN-1 LaWS，标志着定向能武器在军事战区作为作战资产的首次部署，"庞塞"号两栖运输舰舰长被授权使用该武器用于防御非人类目标。

庞塞号两栖运输舰上 XN-1 LaWS 的正面视图

海上激光系统演示验证项目

2011年，美国海军开展了海上激光系统演示验证项目（Maritime

Laser Demonstration，MLD），MLD 系统采用 100 千瓦级板条固体激光器，光束质量 BQ 值优于 3；系统主要由激光器子系统、Kineto 跟踪瞄准子系统、光束控制与稳定子系统、火控系统和供电系统组成，MLD 系统项目的最终目标为实现 600 千瓦级的比例放大输出。

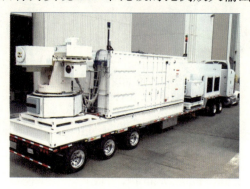

MLD 系统样机

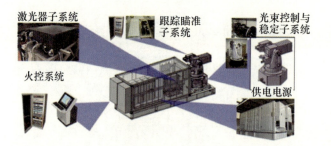

MLD 系统组成图

MLD 系统是第一个在海上进行了试验验证的高能红外激光系统，其与舰艇上的雷达系统和导航系统相结合，对海面上的小型水面无人舰艇进行主被动跟踪，发射高能红外激光致使其烧毁。

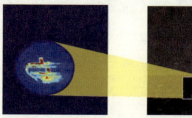

主动被动跟踪相结合的技术方式

MLD 系统对水面舰艇的毁伤试验

MLD 系统由诺斯罗普·格鲁曼公司和 L3 公司联合研制，采用商业化集成平台，实现海上环境的演示验证。

"奥丁"海军光学炫目拦截器

"奥丁"海军光学炫目拦截器（AN/SEQ-4）是美国海军为"阿利·伯克"级驱逐舰设计的激光武器系统，研制单位为美国国防技术供应商 VTG 公司，"奥丁"旨在应对无人机系统的威胁，有望从根本上改变海军应对各种海上威胁的方式。"奥丁"是美国海军正在开发的众多激光定向能武器之一，也是美国海军激光系统系列工作的一部分。

美国海军激光系统系列家族有四个部分，包括三个最终将用于舰船的武器系统：两栖舰船上的 150 千瓦激光武器固态激光 – 技术成熟系统；60 千瓦激光武器，高能激光和集成光学眩目器和监视，于 2021 年在"阿利·伯克"级驱逐舰上进行首次测试；安装在驱逐舰上的"奥丁"海军光学炫目拦截器。

"杜威"号 DDG-105 驱逐舰上的"奥丁"系统

2021 年，VTG 公司签订合同，计划在 5 艘"阿利·伯克"级驱逐舰上安装和集成 AN/SEQ-4 光学炫目拦截器"奥丁"系统。

未来战斗机机载激光武器

为应对 2020 年以后来自国外的空天威胁，美国、俄罗斯、日本、法国、印度等国家都已经开始了六代机的研发工作，并取得了一定成果。俄罗斯"电鳐"、日本"心神"、法国"神经元"、印度"辉光"等一批先进无人作战飞机已经或即将面世。

美国的六代战机应于 2030 年左右形成初始作战能力，主要使命任务是遂行进攻性和防御性的对空作战，必须能够与具有空中电子攻击能力、先进综合防空系统、无源探测设备、综合自防御设备、定向能武器和网络电磁攻击能力的敌军作战，必须能够在 2030—2050 年间的"反介入 / 区域拒止"环境中作战。

美国工业界公布的空军下一代战斗机概念设想图

当前，诺斯罗普·格鲁曼公司在 F-35 垂直起降战斗机上，设想了固体激光武器集成应用的概念，作战概念如下图所示。

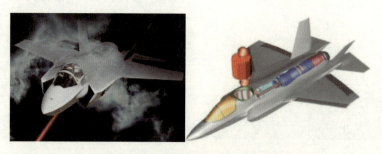

F-35 垂直起降战斗机固体激光武器概念图

诺斯罗普·格鲁曼公司提供的系统方案，拟在飞机风扇扇洞位置处安装激光武器，从概念图上可看出，有向上和向下两个转塔光窗，提供全方位覆盖。

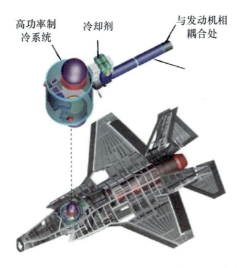

F-35 垂直起降战斗机上的激光武器系统

德国莱茵公司激光系统

2011 年，莱茵公司展示了强激光系统的作战潜力。在对抗无人机演示中，该系统将一个 10 千瓦的激光武器集成到"天空卫士"火控单元的防空系统和炮塔上，具有模块化和可扩展性的特点。

莱茵金属公司激光武器路线图

2012年,莱茵公司的激光系统在瑞士外场试验中成功地克服艰苦的环境条件,包括在冰、雪、雨和炫目阳光等恶劣环境下击中目标,试验包括整个操作序列的目标检测与目标跟踪环节。该系统可用于防空、反火箭/火炮、迫击炮和非对称作战。此外,该测试旨在证明使用莱茵现有光束叠加技术能够通过叠加、累积的方式照射单一目标。这种模块化的技术,使得它能够保持单个激光模块很好的光束质量,能成倍提高系统的整体性能。

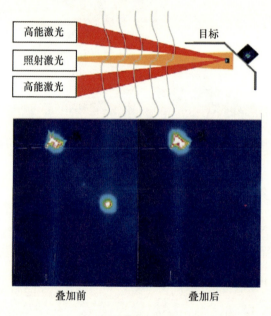

光束叠加技术

该系统的50千瓦高能红外激光武器技术演示系统由两个功能模块:30千瓦武器站集成到"天空卫士"防空炮塔上,结合"天空卫士"火控单元可进行静态和动态试验;20千瓦的武器站集成到一个的第一代炮塔上,为静态测试提供辅助功能,其自身有额外的供电模块,都集成在一个"欧瑞康"火控单元上。

50 千瓦分布式激光武器系统

洛克希德·马丁"雅典娜"光纤激光武器

洛克希德·马丁公司研发的综合型 30 千瓦单模光纤激光武器系统"雅典娜"样机,采用光束合成技术,将多个光纤激光模块形成单个高能高质量光束,其效能和致命性远远超出其他系统多个单独的 10 千瓦激光器;"雅典娜"采用的光束控制器比机载激光器的更小,更加符合尺寸、重量和功率的要求。

洛克希德·马丁公司的"雅典娜"光纤激光武器

在 2015 年 3 月举行的外场测试中,"雅典娜"光纤激光武器系统从大约 1.6 千米远距离,在几秒钟内烧毁了发动机,成功击毁了皮卡车发动机,验证了武器级激光器如何用于保护军队和重要基础设施。

ATHENA 击毁皮卡

"雅典娜"光纤激光武器系统采用的 30 千瓦光纤激光器以美国陆军高能激光移动演示验证项目的耐用电子激光器倡议项目 60 千瓦激光器为基础,采用光谱合成技术实现功率放大,未来将为军用飞机、直升机、舰船和卡车提供轻巧坚固的激光武器系统。

60 千瓦激光器与光束控制

此外,德国 MBDA 公司研制的 40 千瓦光纤激光武器样机,采用了非相干光束合束技术,激光效率为 30%。

德国 MBDA 公司研制的 40 千瓦光纤激光武器样机

俄罗斯也积极开展激光武器的研制，比如，"佩列斯韦特"激光武器系统和基于高能光纤的激光武器系统。

俄罗斯的两款激光武器系统

英国在航展中展示了"龙火"激光武器系统，计划列装部队，安装在车辆和舰船上。

英国"龙火"激光武器系统

2022年3月,以色列国防部宣布其"铁束"激光防御系统试射成功,该系统由以色列拉斐尔高级防御系统公司开发,使用激光束打击来袭目标,能够拦截无人机、火箭、迫击炮和反坦克导弹。据以色列称,该系统的单次拦截成本仅需3.5美元。

以色列"铁束"激光防御系统

激光武器技术是21世纪国家安全的关键科学技术,在技术途径上历经了很多的探索和尝试。

中继镜技术

由于天基激光系统发展过程中受到激光器体积重量大,现有运载工具无法将其发射到空间的制约;机载激光系统面临各类技术问题,在战场应用时使用风险大,生存能力受到严峻挑战;地基激光系统激光传输过程受大气的影响严重，系统作用范围小且对低空快速目标作用困难等问题，激光中继镜（Relay Mirror，RM）技术的概念备受各方瞩目和讨论研究。

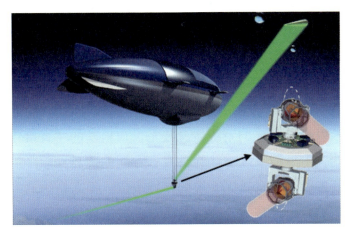

中继镜系统概念图

激光中继镜技术又称为激光重定向技术，是高能激光研究领域的一项新技术，也是一项重要的新型激光系统作战概念。激光中继镜技术的基本思想是通过置于高空或太空的中继镜系统接收激光源向其发射的激光束，经系统校正净化后重新定向发射到目标上，完成对目标的攻击。

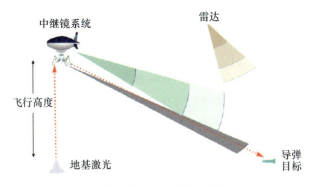

中继镜系统工作原理

中继镜技术的概念最早可追溯到20世纪80年代美国里根政府提出的"星球大战"计划，主要内容为：以各种手段攻击敌方外太空的洲际战略导弹和航天器，以防止敌对国家对美国及其盟国发动的核打击。主要技术手段包括在外太空和地面部署高能定向系统（如微波、激光、高能粒子束、电磁动能系统等）或地基打击系统，在敌方战略导弹来袭的各个阶段进行多层次的拦截。激光中继镜系统将激光源与光束控制部分分离，是一种革命性的思想，美国空军高能激光系统项目之父唐·兰伯森提出的激光中继镜技术是自20世纪70年代中期引入自适应光学技术以来最重要的系统概念技术。与地基的"直接作用型"激光系统相比，中继镜系统被认为具有多方面的优势：能降低大气等因素对激光的影响、拓宽激光系统的作战范围、提高系统的隐蔽生存能力、降低系统对跟踪带宽等，中继镜系统被认为是机载激光和地基激光的威力倍增器。

中继镜外场实验实物图

中继镜系统因其革命性的结构和优势，在军事上具有很好的应用前景。目前，美国军方已把中继镜技术作为军队的转型技术，它的发展必将影响到未来一代的激光系统。

"亚瑟王神剑"相干合成技术

"亚瑟王神剑"的最初设计思想源自光学相控阵的技术研究和应用。光学相控阵是微波相控阵在光波频段的扩展,基本思想是基于模块化设计和电扫描技术,以多个小口径光束定向器阵列实现光束发射、接收和高精度探测,以声光和电光器件为基础完成激光束阵列的无惯性扫描。这种全电控制的光束定向技术,摆脱了传统的机械式光束扫描方式,能够实现快速、精确的光束控制,体积小、质量轻,在激光雷达、激光通信、光电对抗、定向能技术等领域有广阔的应用前景。

"亚瑟王神剑"的原理样机

自微波相控阵技术问世之后,人们就试图将相控阵的概念延伸到光波频段,并对光学相控阵中的相关技术进行深入研究。1991年雷声公司为APPLE(Adaptive Photonics Phase-Locked Elements)系统开发了液晶光学相控阵加全息光栅大角度非机械光束偏转技术,可以实现偏转范围达到±45°的光束偏转,该液晶光学相控阵孔径为4厘米×4厘米,拥有多达43000个相位调制器,分成168个子阵列,每个子阵列含256个相位调制器,阵列工作波长为1.06微米。

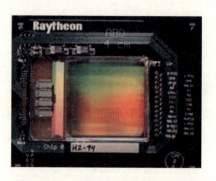

雷声公司的液晶光学相控阵芯片

基于光学相控阵非机械偏转的技术思想，考虑到现有高能激光器体积庞大、转换效率低的特点，美国国防高级研究计划局启动了"亚瑟王神剑"相干合成技术项目研究，该项目旨在设计开发一种轻量级的敏捷光束定向器，目标是基于10簇子孔径拼接光学相控阵技术，实现100千瓦级高能高光束质量激光输出。每簇激光由7个子孔径拼接合成，通过远场光束质量监测和有源光学锁相控制技术实现高光束质量远场光斑合成，通过相位和偏转控制器实现随机并行梯度下降算法，基本原理如图所示。

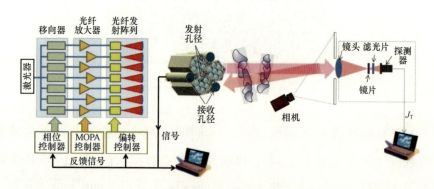

"亚瑟王神剑"基本原理

该系统已经开展了远程7千米千瓦级大功率光纤激光光学锁相控制的试验验证，对大气湍流进行补偿。

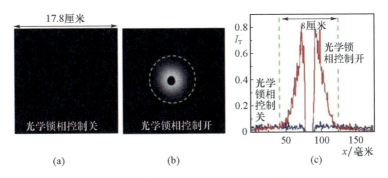

光学锁相控制前后的远场光斑情况

美国国防高级研究计划局分别授予诺斯罗普·格鲁曼公司及洛克希德·马丁公司价值1460万美元和1140万美元的合同,用于研发能摧毁导弹的吊舱式激光武器,项目名称为"持久"。"持久"项目是美国国防高级研究计划局"亚瑟王神剑"项目的一部分,旨在研发可安装到无人机或飞机上的吊舱式激光武器,用于摧毁面空导弹以及光电/红外制导导弹,也可进行高精度的目标跟踪与识别任务,工作重点是子系统的小型化技术,研发高精度目标跟踪与识别系统,以及轻型、灵活的激光束控制能力。

航空自适应光学波束控制技术

2014年,根据美国国防高级研究计划局和美国空军研究实验室授予的合同,洛克希德·马丁公司开展了航空自适应光学波束控制(Aero-adaptive Aero-optic Beam Control,ABC)项目的飞行测试验证,该项目的目标是通过强湍流条件下气动光学效应的研究,提升未来战机装备激光武器的可能性。

ABC项目验证平台

洛克希德·马丁公司与圣母大学协作完成转塔样机的初步飞行测试。测试是以圣母大学的机载航空光学实验室超音速飞机为平台,进行气动光学效应的测试验证。

ABC 气动光学效应验证转塔

ABC 项目主要研究强湍流条件下的气动光学效应、湍流控制策略、自适应光束补偿等;首先研制了地面原理验证样机,并开展地面风洞试验研究,并在超声速飞机平台进行了飞行试验验证。

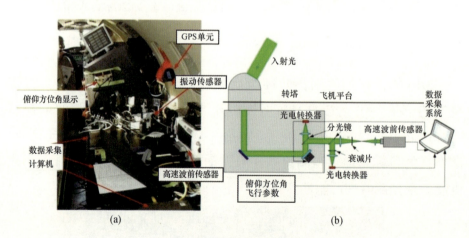

ABC 转塔原理图

耐用电子激光器倡议项目

在美国国防部联合高功率固体激光器项目的支持下,诺斯罗普·格鲁曼公司2009年研制出105千瓦电驱动固体激光器，使固体激光器的功率水平首次达到了军用杀伤功率要求。但是该产品并不能立即投入战场使用，原因是该激光器体积巨大、容易损毁，并且只有在超大型冷却装置和发电机的支持下才能正常工作。因此，2010年，美国国防部、陆军空间与导弹防御司令部/陆军战略司令部、空军研究实验室，以及海军研究办公室联合出资开始实施耐用电子激光器倡议（Robust Electric Laser Initiative，RELI）项目，目标是研制出光束质量高、功率为25千瓦并可扩展至100千瓦、电光效率超过30%的激光器，并最终集成在军用平台上。为此，RELI项目的各个承包商将发展不同的激光器技术。

根据美国国防部授予的价值550万美元的第一阶段合同，通用原子公司计划进一步提高其研制的150千瓦分布增益激光器的电光效率，目标30%。

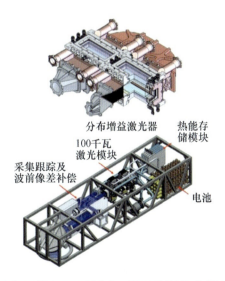

通用原子公司的RELI计划：150千瓦分布增益激光器

2010年6月，美国陆军空间与导弹防御司令部授予洛克希德·马丁公司一份历时6年、价值1470万美元（最终价值达到5900万美元）

的合同，要求其利用多个 1 千瓦光纤激光器模块，通过光束合成，研制出一台 25 千瓦的实验室样机。更长远的目标是在该激光器基础上，研制一种功率达到 100 千瓦、可安装在"狙击手"（直径为 385 毫米、长 2387 毫米）瞄准吊舱内的紧凑型激光武器系统。

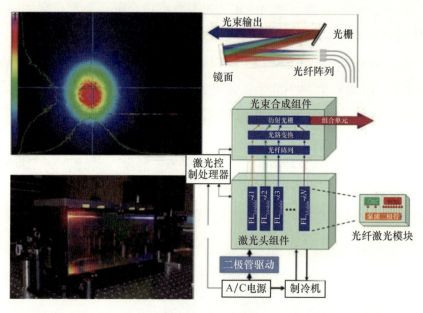

洛克希德·马丁公司的 RELI 计划：光纤激光光谱合成技术

同时，陆军空间与导弹防御司令部授予雷神公司空间和机载系统分公司一份价值 910 万美元的合同，要求以达信公司研制的 ThinZag 板条激光器为基础，开发效率更高的平面波导高能激光器。

雷神公司的 RELI 计划：平面波导高能激光器

2010年9月，陆军空间与导弹防御司令部/军战略司令部授予诺斯罗普·格鲁曼公司一份价值880万美元、初始时间为2年的合同，要求该公司通过进一步研究提高联合高功率固体激光器项目中板条固体激光器的电光效率。

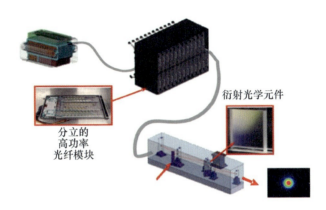

RELI计划：基于衍射光学元件的光纤激光相干合成技术

2011年5月，波音公司获得美国国防部高能激光器联合技术办公室授予的一份为期16个月、价值420万美元合同，要求基于其高效的薄片激光器，开发一种功率为25千瓦的高亮度固体激光器系统，并验证该激光器系统性能与RELI项目高亮度、高电光效率的目标一致。

波音公司的RELI计划：薄片激光器

光电对抗：矛与盾的生死较量

1963年12月16日，毛泽东主席听取国务院副总理兼国家科学技术委员会主任聂荣臻汇报《十年科学技术规划》后强调指出："死光，要组织一批人专门去研究它。要有一小批人吃了饭不做别的事，专门研究它。没有成绩不要紧。军事上除进攻武器外，要注意防御问题的研究，也许我们将来在作战中主要是防御。进攻武器，比原子弹的数量我们比不赢人家。战争历来都需要攻防两手，筑城、挖山洞都是防嘛。"

毛主席所说的"死光"，指的就是激光武器。随着激光技术的进步和能量功率的不断增强，激光干扰、激光压制、激光致眩、激光制盲、激光损伤甚至激光毁伤不断涌现，光电对抗从早期的自卫防御，逐渐走向光电进攻。激光武器，到底是屠龙之技，还是光电对抗的终极梦想，发展历程中虽争执不断，但历史车轮始终向前，如何发展，让我们拭目以待。

颠覆未来作战规则的"六脉神剑"
——美国陆军激光武器的战场作战应用

"六脉神剑",出自金庸武侠小说《天龙八部》,乃大理段氏超强剑气绝学,"六脉神剑"并非真剑,是以浑厚内力为基础,将六种内力由指尖隔空激发出去,以极高速击向目标,包括:少商剑、商阳剑、中冲剑、关冲剑、少泽剑、少冲剑,是武学界最具杀伤力的无上神功。

自20世纪70年代以来,美国陆军致力于推进更加紧凑、更具实战化的战术激光武器,正不断地将功率更强大的激光器装备于更小型车辆。计划2027年之前将激光武器纳入导弹近程防御武器库中,成为颠覆未来作战规则的"六脉神剑"。

近年来,美国陆军着手推进两项激光武器工作:一是将较低功率激光器装备在八轮驱动的"斯瑞克"装甲车上;二是将较高功率激光器装备于改装后的货运卡车上。目前,在研项目主要包括机动实验型高能激光器、高能激光器移动试验车项目、高能激光战术车辆演示器以及多任务高能激光器等。同时,美国国防部计划推出体积更小、更具实战化的激光武器,如海军陆战队试验的反无人机车载紧凑型激光武器,该原型机已交付美海军陆战队,可以代替传统武器完成反无人机任务,将成为海军陆战队反无人机体系的重要组成部分。

紧凑型激光武器系统

美国海军陆战队"利爪"激光武器系统,装载于小型通用任务车,功率为2千瓦、5千瓦、10千瓦。2019年6月,美国国防部批准的第一台地面激光器2千瓦版本交付美国海军陆战队使用;2019年10月在项目演示活动中,该系统成功击落了30个目标;2020年9月,波音公司在内华达州内利斯空军基地进行的实地测试期间,该系统成功保护了一支部队保护车辆免受无人机系统的攻击。

紧凑型激光武器系统

高能激光战术车辆演示器(HEL-TVD)

美国陆军的HEL-TVD激光武器系统,装载于中型战术车辆,功率为100千瓦,2019年5月,美国陆军与动力系统公司签订100千瓦HEL-TVD的研发合同;2019年11月,该项目完成关键设计评审;后续将演示目标获取追踪瞄准点选择和维护等功能。

高能激光战术车辆演示器

机动试验型高能激光器（MEHEL）

美国陆军的 MEHEL 激光系统装载于 Stryker 装甲车，功率分为 2 千瓦、5 千瓦、10 千瓦共 3 种。2016 年，MEHEL 1.0 版 2 千瓦激光系统在试验中击毁无人机；2017 年，MEHEL 2.0 版 5 千瓦可对 1 类无人机实施打击，在演习中，击败多架小型固定翼和旋翼无人机；2018 年 4 月，美国成功进行了 MEHEL 实弹演练，升级到 3.0 版 10 千瓦激光系统。

机动试验型高能激光器

多任务高能激光（MMHEL）系统

美国陆军的 MMHEL 系统是美军反无人机防空网络中的一环，美国陆军计划在 Stryker 装甲车上集成 50 千瓦级激光器，为陆军的机动旅提供短程防空支援。

多任务高能激光

HELWS 激光武器系统

雷神公司的 HELWS 激光武器系统装载于小型全地形车 MRZR 内，功率为 10 千瓦，2019 年 10 月，美军接收了一台车载 HELWS 样机，并开展为期 1 年的海外战场试验。

HELWS 激光武器系统

分布增益式高能激光武器系统

2021年10月25日，通用原子电磁系统公司宣布为美国陆军研发300千瓦级的固态激光武器，称为分布增益式高能激光武器系统。

分布增益式高能激光武器系统

在一体化联合作战背景下，美国陆军在战场环境下将面临传统空中威胁（精确制导武器、低小慢目标）及新型空中威胁（无人蜂群）的挑战，促使陆军的作战任务将逐渐向全域机动和空间同步多维的作战方式过渡。美国陆军激光武器可弥补现有防空反导武器装备超低空探测与拦截抗饱和攻击作战能力的不足。作为新型防御手段，激光武器逐步体现出独特优势，可对传统防空体系进行有益补充，分析其战场作战应用主要包括以下几方面。

（1）末端防御，丰富陆军导弹防御系统梯次化。

随着拦截武器不断更新，导弹防御系统不断调整，美国弹道导弹防系统2.0提出了一种用于末段防御的动能和定向能拦截武器。目前，美国末段拦截主要采用"萨德"和"标准"-6导弹，为了应对高超声速导弹，保证在最短的时间内拦截成功，美国提出在末端拦截中增加动能或定向能拦截武器，这类武器主要有激光武器、高功率微波武器、粒子束武器、轨道炮。

战术激光武器系统作为末端防御系统的组成部分之一，与光电信息分系统、综合对抗分系统、防空制导炮弹分系统等共同组成末端防御系统，形成远近中程全覆盖点面结合、分层分次多种手段有效防护。

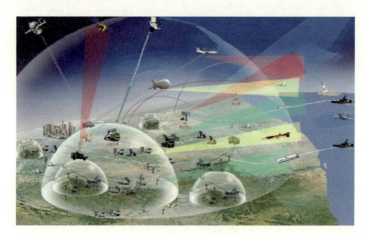

末端防御多层拦截示意图

战术激光武器系统可在8~20千米电子干扰层与综合光电对抗系统配合协同，对来袭目标实施干扰，在3~8千米激光毁伤/弹炮摧毁组合层通过对目标光电探测器实施毁伤，配合近防高炮防空导弹光电对抗实现中段防空功能，在0.5~3千米光电欺骗/弹炮摧毁组合层通过拦截低慢小飞行物，由防空导弹与综合对抗系统对来袭目标进行毁伤/致盲，协同完成末端防御任务。

（2）反无人蜂群，赋能陆军传统防空体系。

针对蜂群式无人机日趋严峻的作战威胁，各种反击技术及其在各类型武器装备方面的应用逐渐成为各国军工发展的热点，激光武器凭借即照即中、攻击迅速、操作灵活、可在短时间内拦击多个目标、命中率高、耗能少等优点，是目前反无人机蜂群使用较多的一种技术手段。随着激光武器反无人机技术的逐渐成熟，反无人机的作战效能和效费比将大幅度提高，激光武器将成为未来反无人机蜂群的主流装备，也必将对未来反无人机作战产生一系列革命性影响。

无人机蜂群智能作战构想图

（3）伴随防护，推进陆军机动伴随防空作战。

随着攻击型无人机、远程火箭炮等武器的普及，空袭与反空袭作战的重要性日益突出，没有有效的对空掩护，地面部队根本无法顺利完成作战任务。在伴随防空体系建设中，机动伴随防空作战装备除担负掩护地面部队作战行动的使命外，还必须在联合作战中参与争夺制空权和制信息权。

机动伴随防空是一种战术级的野战防空，伴随部队完成反轰炸、反航空侦察、反空降等作战行动，要求其具备伴随机动部队高速行军的能力、全天时行进间作战的能力、对空对地多任务作战的能力等。战术激光武器瞬时性、灵活性、隐蔽性的特点使其在面对低空突防战斗机、武装直升机、察打无人机以及低慢小目标方面具备先天优势，这促使激光武器系统成为现代机动伴随防空体系的重要组成部分，大幅提升了陆战场的防御作战机动化水平，可有效解决伴随防空作战任务的战术需求。

伴随防护战术部署示意图

（4）要地防空，提升陆军要地防空能力。

随着要地防空能力建设重要性的日益凸显，空袭威胁给要地防空体系带来了新的严峻挑战。要地防空旨在保卫国家重要目标安全，其中包括政治经济中心、军事要地、工业基地、交通枢纽等，是国土防空的重要组成部分，应具备可靠的探测性能及高效拦截能力，能够有效执行区域拒止任务。现有要地防空武器装备存在不足，包括：在面对低慢小目标探测存在漏洞、大容量密集防空能力较弱、作战效费比较低等。

要地防空战术部署示意图

构建低成本、多手段、大容量的要地防空体系，激光武器系统将是其重要组成部分，其可以有效弥补传统电子对抗装备存在的不足，且能够适应未来高端战争中机动性、精确性、火力持续性等需求，在时效性和复杂性显著突出的陆战场中遂行各种防空护卫任务，为要地防空提供有效途径还能配合其他光电对抗武器进行网络化协同作战，形成对抗功能与作用距离梯次配置的防空护卫光电对抗装备系统，提升综合防护军事效益。

"重剑无锋、大巧不工"俄罗斯的玄铁重剑
——"佩列斯韦特"激光武器系统

玄铁重剑是金庸所著《神雕侠侣》小说中虚构的一件兵器,为剑魔独孤求败四十岁之前所用,"重剑无锋、大巧不工"为独孤求败在青石所刻的武学境界,越是平平无奇的剑招,对手越难抗御,实胜世上诸般巧妙招数。"佩列斯韦特"激光武器系统貌似无奇、但质朴实用、一招制敌,恰如"重剑无锋、大巧不工"的玄铁重剑,实为俄罗斯的大国重器。

俄罗斯的大国重器"佩列斯韦特"激光武器

2021年，据俄罗斯军工综合体网站报道，在"关于加强武装力量"的一次会议上，俄罗斯总统普京表示，俄罗斯军事发展的首要目标是，武装部队使用最先进的武器装备。2033年前，俄罗斯国家武器装备发展优先事项如下。

（1）开发和引进必要技术，创建新的超高声速武器系统、更高功率的激光武器和战斗机器人系统，有效对抗潜在军事威胁，进一步加强俄罗斯的国家安全。

（2）人工智能技术可在提高武器战斗特性方面实现突破，应用于军队的武器控制系统、通信和数据传输系统、高精度导弹系统，以及无人系统的控制装置。

（3）加速高科技、创新武器的研制和批量生产也是武装部队发展关键领域之一，完成对"锆石"超高声速巡航导弹的海基测试。

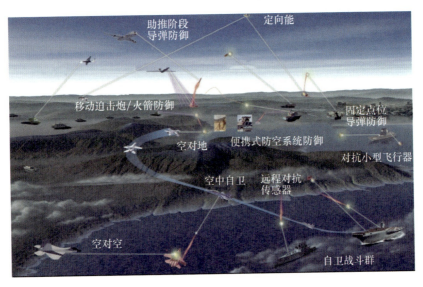

未来激光武器的作战设想

激光武器系统是俄罗斯应对美国太空军事化战略的重要措施。目前，俄罗斯正在加紧研制和部署新式反卫星激光武器系统和空基激光武器系统。早在20世纪60年代中期，苏联"金刚石"中央设计局就着手研究战斗激光系统,其中最著名的是 A-60 飞机激光武器系统,其主要作战任务是防空、防天、反导。近年来,俄罗斯"佩列斯韦特"新式反卫星激光武器系统,逐渐浮出水面,该激光武器系统自面世以来一直处于保密状态,俄罗斯未公开其具体参数、性能、用途及激光器体制等,而且俄罗斯持续构建其他任何国家都无法比拟的反太空能力,引起了军事专家的广泛关注。

"佩列斯韦特"激光武器系统全貌

2018 年 3 月 1 日,普京总统在国情咨文中首次公开谈到这一系统;2018 年 12 月 5 日,俄国防部公布了一段"佩列斯韦特"激光武器系统的视频,并称该系统已于 2018 年 12 月 1 日在俄军投入试验性战斗值班;2019 年 12 月 1 日,俄罗斯"佩列斯韦特"激光武器系统在战略导弹部队的地面机动导弹系统阵地开始正式战斗值班,至此,俄罗斯的"佩列斯韦特"成为全球首款实战部署的激光武器系统。

"佩列斯韦特"激光武器系统部署情况及作战使命猜想

"佩列斯韦特"激光武器系统,正式代号为 14Ts034,据俄罗斯国防部的相关信息,"佩列斯韦特"部署在战略导弹部队的地面机动导弹系统阵地,随队作战。美国军事专家亨德利克斯发文称,对俄军已经拥有激光武器毫不怀疑，他研究了数十种公开的来源，得出结论："佩列斯韦特"激光武器系统部署于战略火箭军机动式洲际弹道导弹基地，已列装特伊科沃、约什卡尔奥拉、新西伯利亚等地附近的洲际弹道导弹卫戍区，"谷歌地球"照片也显示，"佩列斯韦特"激光武器系统部署于掩体之外，能确定的主要部署地点分别位于约什卡尔奥拉第14战略导弹师、新西伯利亚第39战略导弹师和特伊科沃第54战略导弹师，具体部署方式为重点目标附近单站布设，且布设距离在与被保护设施7.5千米以内。

约什卡尔奥拉第14战略导弹师

新西伯利亚第 39 战略导弹师

特伊科沃第 54 战略导弹师

关于"佩列斯韦特"激光武器系统的作战使命,很多军事专家进行了猜测,其可能的作战使命包括地面重点目标防御、防空防天反侦察、反无人蜂群作战、致盲/致眩企图攻击等。

"佩列斯韦特"激光武器系统的作战概念图

2018年12月1日,俄军总参谋长格拉西莫夫大将在会见驻俄军事外交使团代表时宣称"佩列斯韦特"激光武器系统已经开始在机动式陆基导弹系统的阵地地域担负作战值班,任务是掩护其机动。美国《太空研究》杂志分析了现有的公开信息,研究了卫星照片,得出结论:"佩列斯韦特"激光武器系统并不能致盲敌人的侦察卫星,破坏航天器,而是"照射"侦察卫星,使其暂时丧失工作能力。美国军事专家亨德利克斯通过两项俄罗斯专利推断,"佩列斯韦特"激光武器系统通过致眩或致盲敌人侦察卫星的光学系统掩护机动式洲际弹道导弹的调动。

因此,推断"佩列斯韦特"激光武器系统的作战使命是掩护弹道导弹突防,主要是在洲际弹道导弹发射时,通过致眩、致盲预警卫星或光学侦察卫星,使预警卫星难以探测侦察到弹道导弹发射。

激光武器战场作战概念图

关于"佩列斯韦特"激光武器系统的研制单位

目前，关于"佩列斯韦特"激光武器系统的研制单位，有两个可信度较高的报道。一则报道称是"国立莫斯科鲍曼工业大学"，于2012年7月18日签订国家合同，研发代号为"校正者"，制造地面机动激光系统（使空中目标丧失功能并物理摧毁）；另一则报道称是位于萨罗夫的俄罗斯联邦核中心-全俄实验物理研究所（长期从事高能激光器的研制）。

从公开报道的角度看，俄罗斯国防部副部长尤里·鲍里索夫曾在2016年8月3日参加俄罗斯联邦核中心70周年纪念活动时表示，新概念武器的系统试验样机已开始服役；从激光武器系统研制进程的角度看，我们发现与"佩列斯韦特"有着密切关系的两份专利，其所有权都属于俄罗斯联邦核中心-全俄实验物理研究所，其专利的申请时间分别为2012年和2014年，而"佩列斯韦特"激光武器系统于2018年年底开始试验性战斗值班，从研制进程来看时间比较符合；从研发单位的主要成果的角度看，俄罗斯联邦核中心-全俄实验物理研究所下属的激光物理研究所在光解离气体激光器、脉冲和脉冲周期氟化氢化学激光器、连续气动力二氧化碳激光器和连续氧碘化学激光器的开发方面，已经取得了重大进展，而这些类型的激光器与"佩列斯韦特"激光武器系统所用的激光系统相吻合。

因此我们推断，"佩列斯韦特"激光武器系统是由俄罗斯联邦核中心－全俄实验物理研究所研制的。

"佩列斯韦特"激光武器系统组成和工作流程

根据公开的视频信息可以判断"佩列斯韦特"激光武器系统由5辆车构成，分别是通信控制车1辆、激光车2辆、激光保障车（供电车）2辆，目前俄相关科研单位正对"佩列斯韦特"激光武器系统进行现代化改装，使其更加紧凑，希望在这两年将系统集成到1辆车上。

"佩列斯韦特"激光武器系统

激光车主要由设备舱、指挥控制舱及辅助配电舱等三部分组成。设备舱：主要包括精密跟瞄、激光器等；精密跟瞄安装在车后部，工作时通过滑盖收缩暴露出来，激光器放置在舱内。控制舱：激光武器系统的自动化控制程度较高，显示信息包括跟踪图像和打击控制界面。辅助配电舱：激光武器系统在驾驶室后方装有一台发电机组，从体积规模上分析，发电机组功率在50~80千瓦量级。

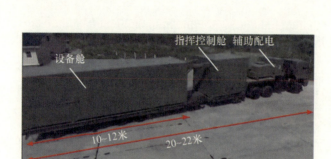

"佩列斯韦特"激光武器系统的激光车

"佩列斯韦特"激光保障车的设备舱

激光保障车规模不大,基本可以排除"佩列斯韦特"使用了连续体制化学激光器的可能(未见废弃处理的吸附装置、气路及管路等)。

"佩列斯韦特"的激光保障车

根据俄罗斯联邦核中心发表的专利，推断"佩列斯韦特"激光武器系统的工作流程如下图所示。

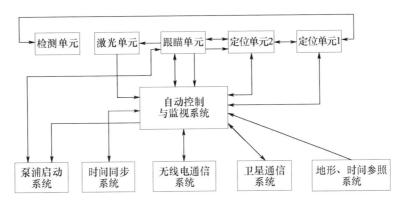

"佩列斯韦特"激光武器系统工作流程示意图

"佩列斯韦特"激光武器系统主要工作过程如下。

（1）通过卫星通信系统/无线电通信系统的信道/互联网络，获得卫星轨迹数据和探测外层空间的许可。

（2）自动控制与监视系统切换到工作模式，使用地形和时间参照系统，确定设备的地理坐标以及激光武器光轴的角坐标，通过时间同步系统接收来自时间同步的卫星信号。

（3）自动控制与监视系统检查激光系统单元的所有模块状态（包括内光路校正模块，激光振荡器和激光放大器）。

（4）自动控制与监视系统接收到外部数据信息，调转跟瞄单元到指定位置，定位单元打开探测、激光照射单元，实时调整光斑及发散角大小，激光主振荡器和放大器的泵浦源处于待机状态。

（5）当空间目标进入跟踪视场，捕获，进入自动跟踪模式，跟瞄单元和定位单元快速调整，使激光光轴、探测光轴与空间目标的偏差量最小。

（6）启动激光主振荡器和放大器的泵浦源，主激光照射目标。

在整个工作流程中，卫星通信系统必须确保"佩列斯韦特"激光武器系统与其他空间监视系统和俄罗斯联邦的卫星星座之间的相互联系。无线电通信系统负责发送和接收设备及其各组件的工作信息及控制人员的指令。地形和时间参照系统、时间同步系统旨在确定设备的确切位置和方向，并与时间同步卫星系统建立通信。

"佩列斯韦特"激光武器系统的未来发展设想

俄罗斯正在构建其他任何国家都无法比拟的反太空能力，目前正在发展至少 3 个独立的卫星致眩或致盲系统，其中包括"佩列斯韦特"激光武器系统、"卡琳娜"地基激光反卫星项目和"雄鹰 – 梯队"机载激光反卫星项目。

俄罗斯机载激光武器概念图

俄罗斯副国防部长曾表示，"佩列斯韦特"激光武器系统的能力将在未来几年内在机载平台上而得到进一步扩展，将"佩列斯韦特"激光武器系统从带有灰尘和水蒸气的近表层浓密空气中搬到更接近目标的密度较小且更清洁的干燥空气中是很有意义的。

"一身转战三千里，一剑曾当百万师"，现代战争是高科技、单向透明的战争，先进的军事装备正愈发成为战争胜利的重要因素，先进武器装备技术也是世界新军事革命的必争之地，如何实现强军目标、如何建成世界一流军队、如何实现弯道超车，值得我们深思。

作战应用篇

飞龙在天之作战运用

现代光电战场的"墨攻"演绎
——外军要地防御中光电对抗装备的应用

《孙子兵法》中说:"善守者,藏于九地之下,善攻者,动于九天之上,故能自保而全胜也"。墨子善守,《墨子·备城门》中提出了"城可守"的14个必要条件,国之大患,患无武备,"故用兵之法,无恃其不来,恃吾有以待也;无恃其不攻,恃吾有所不攻也"。

要地防御在作战体系的地位和作用

要地,即为要害之地,也可称枢要之地;野战阵地、指挥中心、机场港口、交通枢纽、能源设施等,均为要地;作战要地是兵力生存和作战实施的重要依托,是作战区域内兵力赖以栖息、补给和维修的根据地,军事战略地位十分重要。

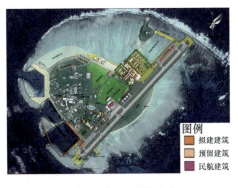

军事要地及要地防御

信息化战争条件下，要地面临的威胁主要包括：①误闯入的己方飞行器；②敌方进行抵近侦察的飞行器；③低空超低空常规突防武器与直升机、无人机等飞行器；④用于军事侦察、袭扰的小微无人机；⑤其他正在闯入或意图闯入要地区域的飞行器；⑥要地区域周边伪装突防、潜伏渗透的各类战场地面目标、单兵；⑦敌方电磁干扰与电磁攻击；⑧敌方雷达等传感器的探测与监视；⑨要地及转场途中的路边炸弹；⑩敌方远程突袭、精确打击的武器。要地防御是国土防御的重要组成部分，是保存战争潜力的重要条件，要地防御的成效决定着战争主动权的得失。

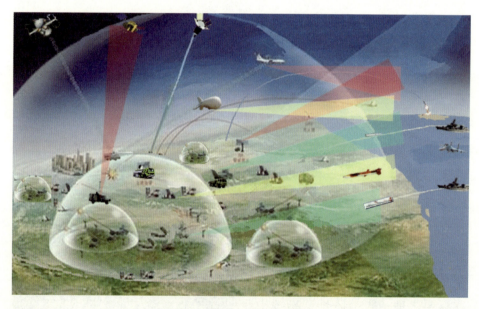

野战基地面临的来袭威胁

从最近的几场局部战争看出，地、空、天一体的多手段、多频谱侦察、监视，使战场呈现出空前的"透明化"，以精确制导武器系统为主要打击手段的非接触作战已成为信息化战争的主导作战样式，在各种精确制导武器中，光电制导威胁占80%以上。在要地防御作战中，光电对抗成为提高防御能力的重要支撑。

逐渐"透明化"的现代战场

外军要地防御典型的光电对抗装备

光电对抗是敌对双方在光波段的对抗，采用光电技术的手段去探测敌方目标，同时采取必要的光谱对抗措施去削弱、阻止对方使用光波段电磁频谱，尽力保证己方有效使用光波段电磁频谱，使对方光电手段降低或失去作战效能，保护己方目标免遭敌方光电设备的侦察、干扰和攻击。

针对光电精确制导威胁，外军在要地防御中采用的主要光电对抗手段包括：激光有源干扰（激光欺骗干扰、激光压制、激光致盲）、无源烟幕干扰、伪装与假目标防护、激光武器等。

在地面激光对抗装备方面，各国纷纷开展装备研制。20世纪80年代，美军研制的AN/VLQ-7"魟鱼"车载激光对抗系统，装载于"布雷德利"装甲战车，采用板条状Nd：YAG激光器，及激光主动探测、闭环导引致盲技术，利用扩束激光扫描发现光电导引头与观瞄设备等光电目标，进而自动引导发射高脉冲能量激光对敌实施致盲，可破坏8千米远的光电传感器及更远处的人眼。美军基于"魟鱼"系统又改进研制了"骑马侍从"车载激光对抗系统和"桂冠王子"机载激光对抗系统。"桂冠王子"以吊舱方式安装在飞机上，当飞机受到防空武器攻击时，探测单元向机上人员发出警报，并用激光主动探测定位目标光电系统，继而发射脉冲激光束使敌防空武器系统光电传感器损伤失效。

装备"魟鱼"系统的"布雷德利"战车

外军典型激光对抗装备

装备名称	国别	作战对象	激光体制	承载平台	主要技术指标
AN/PLQ-5 激光对抗装置	美	反坦克距离光电传感器、人眼	高脉冲能量激光	单兵	可破坏2千米外敌光学传感器，对人员致盲距离更远
魟鱼	美	光电传感器	近红外单脉冲能量大于100毫焦	布雷德利装甲战车	作用距离8千米，致盲损坏目标光学和光电传感器等
桂冠王子	美	地基光学和光电跟踪系统	Nd：YAG激光倍频绿光	机载	致盲作用距离大于8千米

续表

装备名称	国别	作战对象	激光体制	承载平台	主要技术指标
骑马侍从	美	光学和光电装置	近红外单脉冲能量大于100毫焦	高多用途轮式战车	半数技术源自"魟鱼"，增加红外/微光电视探测粗引导
浮雕蓝坚鸟	美	光电传感器	近红外单脉冲能量大于100毫焦	直升机载	与"魟鱼"系统体制相同，致盲人眼作用距离大于5千米
眩目器	美	装甲目标的可见光/近红外传感器	可调谐激光波长范围0.7~0.8微米	单兵	普通状态：重频20赫，单脉冲3.5焦；调Q：脉宽33纳秒，单脉冲约0.6焦
AN/VLQ-8A导弹对抗装置	美	反坦克红外制导导弹	—	装甲车载	低能激光饱和性压制干扰
DEC舰载激光眩目瞄准具	英	导弹、飞机	—	舰载	工作波段：0.4~0.7微米 0.4~1.4微米
SHTORA-1战车光电对抗系统	俄	反坦克导弹	—	装甲车载	工作波段：0.7~2.5微米

在地面无源烟幕干扰方面，美国雷声公司研制的M56"土狗"发烟车，是安装在M1113高机动多用途轮式悍马车上的大面积发烟系统，采用模块化设计，以雾化烟雾油与石墨粉的方式，产生烟幕。雾化烟雾油产生白色烟雾，针对0.40~0.75微米的可见光波段，一次可发烟100分钟。石墨粉产生黑色烟雾，针对0.75~14微米的红外波段，一次可发烟30分钟（两者的发烟口不同）。烟幕能对光电磁波产生吸收、

反射和散射的作用，进而妨碍红外、激光、雷达等制导武器的效果，使来袭制导武器产生误差。M56"土狗"发烟车能遮蔽高价值的固定目标，如机场、桥梁和弹药库，也能遮蔽机动目标，如护送车队等。

M56"土狗"发烟车

M56"土狗"发烟车于1994年9月定型；2000年底，美国陆军配发量近300辆。目前，美军已开始装备更先进的M58"土狗"发烟车，在最大喷速情况下，M58"土狗"发烟车能提供至少90分钟的可见光波段和30分钟的红外波段的机动烟幕遮障，在低喷速情况下，烟幕遮障持续的时间更长。

M58"土狗"发烟车

在假目标和伪装防护方面，美国积极开展假目标研制，使用有充气式假目标、膨胀式假目标。另外，美军还研制了一些模拟器材，欺骗敌人。

美军装备的假目标

国家	种类	性能指标
美国	特力戴布朗多光谱 M1 假坦克、F-15、F-16 战斗机	具有与真目标相同的可见光、红外和雷达特征，假目标牢固可靠，即使被击中，也可重复使用
	陶式反坦克导弹假目标系统	能模拟导弹发射闪光、音响和烟云等特征
	M114 装甲运送车假目标	其特点是膨胀成型速度快，收缩体积是原目标体积的十分之一
	M1 坦克假目标	在近红外、可见光、红外和雷达波段的特征与真目标一致
	红外/毫米波复合诱饵	可对微波产生干扰，又可对红外探测器进行干扰
	飞行诱饵	能在近、中远红外和雷达波段模拟飞机，具有多普勒效应

美军 155 毫米榴弹炮假目标

2018年，美国Fibrotex公司开展"超轻型伪装网系统"研制，2020年交付给美国陆军。该系统重量轻，质量比约为165克/每平方米；雷达单程透射率为3分贝，最大阻燃时间2秒，最大无焰燃烧时间20秒；系统材料为100%聚酯纱，采用了双向设计，使伪装网系统正反两面具有不同模式和能力，可让士兵、战车、设施和武器系统在雪地、沙漠、城市和林地等各种作战环境中，成功躲开视觉、激光雷达、雷达、热成像探测仪和高光谱成像装备等各种探测传感器的监测，从而大大增强野外战场上士兵、部队等的生存能力。

超轻型伪装网效果展示

在高能激光对抗方面，随着大功率固体激光器及其相关技术飞速发展，为激光逐步走向实战奠定了坚实技术基础。以LaWS系统为典型代表，其激光输出功率33千瓦、合束精度优于2微弧度，利用光电搜索跟踪系统引导激光发射，实现中远距离对侦察/监视系统、精确制导武器光电传感器干扰/损伤，近距离用于毁伤无人机和快艇等"非对称"目标；LaWS已于2014年8月加载至"庞塞"号两栖登陆舰并在波斯湾部署开展实战试验。另外，美国陆军于2012年开发"高能激光武器移动演示平台"（HEL-MD）试验样机，用于极近距离摧毁/拦截火箭弹、导弹、炮弹和无人机等。2017年，洛克希德·马丁公司在五角大楼支持下打造自卫高能激光演示样机（SHiELD）系统，未来计划以 F-15 等战斗机安装 50 千瓦的 SHiELD 激光武器，旨在用于摧毁无人机与巡航导弹等。2019 年 11 月，"奥丁"光学致眩拦截系统被安装在"杜威"号驱逐舰上，主要用于干扰破坏来袭飞行器及巡航导弹等目标所属光电/红外传感器，具备反情报监视侦察能力，并能摧毁拦截无人机/小艇等易损目标。

"斯托克代尔"号驱逐舰上的"奥丁"系统

外军要地防御光电对抗装备作战部署

在要地防御中，根据光电制导武器的作用距离和典型光电对抗装备的作用距离，采用分层对抗、多层结合的战术，方法如下。

第 1 层为距离 20 千米以上，称为战术预备层，主要利用远方空情，上级及友邻情报支援等信息进行战前准备，可通过侦察卫星、预警机、上级及友邻部队提供的情报完成情报获取。

第 2 层为距离 5~20 千米，称为中段侦察干扰层，这一层已进入电视制导和红外制导武器的作用距离，因此，要采用相应的光电对抗手段重点对抗电视、红外制导武器，主要使用激光、红外等侦察告警设备进行侦察、告警、识别来袭导弹的攻击，使用大功率激光有源干扰设备进行有源损伤或毁伤干扰，使用高重频激光阻塞干扰、激光角度欺骗干扰等有源干扰设备进行干扰。

第3层距离在5千米以内，称为末段干扰防护层，这一层进入激光制导武器的作用距离，因此，要采用相应的光电对抗手段重点对抗激光制导武器，主要使用高重频激光干扰和激光角度欺骗干扰设备进行干扰，并使用烟幕、箔条、假目标、伪装、隐身等无源手段进行防护。

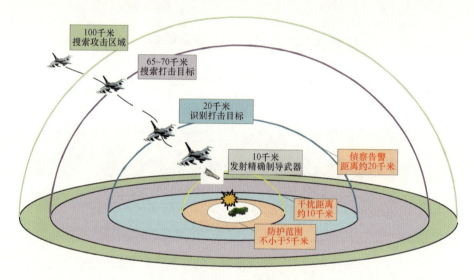

光电对抗要地防御的分层对抗

经过历次战争的经验总结，美军在要地防御方面已形成完善和成熟的体系，《美军作战手册》阐述了关于"防御作战"的描述：要地防御是以防空袭、防电子进攻和地面袭扰破坏为重点，严密组织隐蔽、伪装和防护，保证要地人员和军事设施安全。在防御兵力兵器的部署方面，军事情报部队不可或缺。该部队通常配置于主战地域适当区域，在防御作战中，主要负责对敌方实施电子侦察、电子欺骗和电子干扰等任务，把防敌方高技术侦察监视作为首要任务，将抗、骗、藏、动、散等多种手段有机结合，加强隐蔽伪装；同时，防止敌电子干扰和攻

击，实施作战区域全时电磁环境监测，及时清除敌方投放的电子侦察、干扰设备等。

美军要地防御示意图

2016年，美国战略与预算评估中心在报告《在导弹齐射对抗中取胜》中提出：通过导弹射程外区域兵力投送、反介入/区域拒止区域内分散作战、在对抗区域内的基地群实施作战、因地制宜开展作战、先敌压制精确制导弹药齐射等5个方面，降低敌精确制导弹药齐射规模的作战效能，在导弹齐射对抗中取胜。

同时还提出：要通过综合运用主动和被动对抗措施来削弱对方的精确打击"杀伤链"；主动对抗措施包括通过电磁频谱来实施物理打击或攻击，以削弱敌方用于探测、定位、跟踪和瞄准美军的传感器网络能力；被动对抗措施包括从地理位置上分散美军目标和运用隐蔽、伪装和欺骗等战术来增加对手精确定位的难度。并以日本新田原基地为例，综合运用网络战、电子战和物理攻击手段，对敌的反介入/区域拒止情报、监视和侦察以及通信网实施致盲战，降低导弹齐射的效果。

日本新田原基地防护中的光电对抗手段

《孙子兵法》在地形篇中讲道："地形有通者、有挂者、有支者、有隘者、有险者、有远者。……凡此六者，地之道也；将之至任，不可不察也。……夫地形者，兵之助也。料敌致胜，计险厄远近，上将之道也。知此而用战者必胜，不知此而用战者必败。"要地防御中的光电对抗装备，亦要根据不同地理、地貌和气象条件、机动性要求，按照性能互补、交叉布防和协同作战的要求进行配置，形成具备侦察告警、有源干扰、有源欺骗、无源防护、伪装隐身、高能激光等综合立体的防御系统，才能在"枪林弹雨"中立于不败之地。

平时多流汗、战时少流血
——光电对抗系统仿真、测试、评估与训练

战争的最大特点就是其不可重复性，对战争过程的模拟就成为人们研究战争的重要方法。古老的象棋游戏就是战争智力推演的典范，将相运筹，车马炮对阵，兵卒冲锋，一次次对局就是一次次战争推演，每个对局者都成了一个军事家。关于作战模拟，钱学森曾有精辟论述，他认为作战模拟方法实质上提供了一个实验室，在这个实验室里，利

光电对抗装备的仿真、测试、评估与训练

用模拟的作战环境，可以进行策略和计划的实验，可以检验策略和计划的缺陷，可以预测策略和计划的效果，可以评估武器系统的效能，可以启发新的作战思想。

光电对抗作为电子战领域的一个重要分支，是破解光电精确制导武器威胁的重要手段，在其装备研制和作战方法研究过程中，难以获得真实的作战对象和作战环境的条件支持。因此，对于光电对抗系统仿真、测试、评估与训练的研究，就是逼真地再现战场上双方作战的过程和结果，充分检测与评估光电对抗装备的效能和战术运用的效能，从而作为改进光电对抗装备性能和充分发展光电对抗装备战术运用效能的依据。

典型的光电对抗平台自卫对抗场景

仿真是缩短武器研制与测试鉴定周期、降低研制与测试鉴定成本的有效工具和手段。因此，世界一些先进国家都非常重视仿真技术在武器系统研制与测试鉴定中的作用，美国、日本、德国、以色列、南非、俄罗斯等军事强国都建立了仿真测试系统，用于武器装备的研制及测试鉴定。

在光电对抗仿真领域，美国发展得较快，也较全面，拥有空军电子战评估系统的光电仿真测试系统、埃格林空军基地光电仿真测试系统、陆军导弹司令部先进仿真中心光电仿真测试系统和海军半实物仿真导弹测试室的光电仿真测试系统，采用的技术和设备都是世界一流的。

在光电对抗领域，红外信号的存在以及如何准确地测量它们对于攻防双方都是极其重要的。尤其是在为导弹和其他红外传感器开发新的红外导引头以及应对这些威胁的反制措施方面。美国军方各部门采用了各种外观奇特、复杂、高度专业化的吊舱来进行空中测量。这些吊舱携带有红外导引头、红外相机和其他传感器，看起来如同机械化的"昆虫复眼"一般，都是极为高端的测试设备。

美国军方的红外测量吊舱

美国海军航空系统司令部目前维护着两个吊舱系统，即机载转塔红外测量系统Ⅲ和红外威胁通用仿真辐射计。美国空军第96测试联队至少还有4个支持空中红外测试的吊舱系统，即光束逼近导引头评估系统，校准红外/可见光/紫外地空辐射测量光谱仪、超声速机载万向节红外系统和光谱/空间机载辐射红外系统，它们主要安装在高性能战术飞机，如海军F/A-18"大黄蜂"和空军F-15"鹰"战斗机上。美国陆军还采用了设计安装在直升机上的其他系统，用于空中红外特征测量。

光电对抗：矛与盾的生死较量

支持测试和评估活动的 A-3B "天空勇士" 轰炸机

在 20 世纪 80 年代，美国海军采购了机载转塔红外测量系统Ⅲ，这一代吊舱系统称为"机载红外对抗评估系统"。目前，美国海军仍在使用该系统，其性能比前几代系统的性能要强得多。吊舱携带的传感器转塔可同时容纳四个不同类型的红外导引头，还配备了一个中波红外成像仪和三个可见光相机，以及一个激光测距机。机载转塔红外测量系统Ⅲ是一种高度模块化且适应性强的设计，可以收集到更多的有关目标的红外特征数据，以及诸如红外干扰机或诱饵弹等对抗措施如何影响不同类型的导引头的相关数据。它可以用来测试新型的红外导引头或测试传感器如何很好地发现和跟踪潜在目标，以及它们如何受到不同的大气条件影响。美国海军和空军也利用机载转塔红外测量系统Ⅲ吊舱来支持美国的盟友，帮助他们进行有关红外对抗措施的测试和评估工作。

携带机载转塔红外测量系统Ⅲ吊舱的美国空军F-15D战斗机

美国海军持续使用的另一个用于空中红外测试的吊舱是红外威胁通用仿真辐射计。与机载转塔红外测量系统Ⅲ不同的是,该系统设计用于对固定翼和旋翼飞机以及诱饵弹进行更平常的空中红外特征测量。

红外威胁通用仿真辐射计吊舱

红外威胁通用仿真辐射计不仅可以采集到被记录的飞机或诱饵弹的红外信号数据,还可以采集到这些测试对象的红外辐射如何与周围环境相互影响的数据。例如,吊舱能够收集物体的温度数据与热量在物体上的分布情况数据,以及在不同的环境条件下和远距离下产生的红外信号如何波动的信息数据。红外威胁通用仿真辐射计常由美国海军 F/A-18"大黄蜂"战斗机携带，但也有美国空军和美航局的 F-15D 携带它的照片。

F/A-18"大黄蜂"战斗机携带了红外威胁通用仿真辐射计吊舱

2003 年，一架 F-15D 空军飞机从加利福尼亚爱德华兹空军基地起飞，同时搭载红外威胁通用仿真辐射计吊舱和机载转塔红外测量系统 Ⅲ 吊舱，一架飞机同时携带这两个吊舱，能够在一次飞行中收集到大量的红外数据。

F-15D 战斗机右翼下携带有红外威胁通用仿真辐射计，
左翼下携带有机载转塔红外测量系统 Ⅲ

通过测试收集的数据可用于从多个方面来探测和了解目标，用于引导 AIM-9X"响尾蛇"空空导弹击中特定目标的最脆弱部分，用于支持具有极低红外特征信号战斗机的研制，甚至可更好地从各种威胁系统中了解潜在的风险是什么。在真实条件下，跨越任何大气环境进行这种测试，这种功能在实验室中是无法真正"复制"出来的。

美国技术服务公司（TSC）是一家专门从事机载光电对抗测试与评估的高科技公司，开发并演示了用于硬件在回路、已安装的系统测试设备和露天靶场的红外/紫外导弹特征模拟器、红外定向对抗监视器、敌方火力指示威胁模拟器及相关组件。

TSC的红外/紫外光源模拟器系统是为爱德华空军基地的消声设施开发的，由计算机控制的红外和紫外点源组成，模拟地空和空空威胁导弹的光谱、时间和空间特点。空间模拟是通过耦合经光纤电缆到计算机控制的运动轨道系统的红外/紫外光源输出来完成的；红外模拟器和目标阵列系统是为中国湖海空电子中心电子作战靶场研制的，红外模拟器由10台液态丙烷火焰源拖车组成，用于模拟地空导弹特征，目标或探测器阵列报告并监视红外定向对抗光束。

红外/紫外光源模拟器

美国军方的导弹告警系统，如联合威胁告警系统，都包含了额外的告警要求，即敌方火力指示。敌方火力包括小武器、火箭榴弹和其他地面威胁。一些地面威胁信号从自动武器的枪口闪光中显示出快速的、短时的红外能量爆发。对这些信号的仿真对于敌方火力指示功能的测试和评估是必需的。在测试过程中，还需要监视模拟信号，以进行验证和确认。TSC开发并演示了支持敌方火力指示测试和评价的高速红外源和辐射系统。敌方火力指示测试系统是一种便携式露天红外源（全向），可以同时模拟多个地面炮火信号。

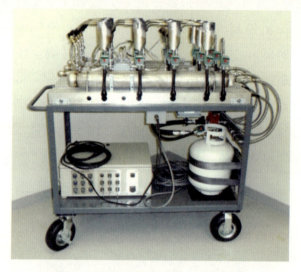

敌方火力指示测试系统（炮火闪光）

为验证和优化机载平台自卫装备系统性能，TSC为红外定向干扰（DIRCM）系统的测试与评估开发了DIRCM监测系统（DMS），DMS是基于DIRCM测试系统为美国帕塔克森特河的海军空战环境测试与评估设施开发的。DMS由集成在DIRCM监视头的红外源和监视子系统、基于PC的DMS控制器组成，红外源由1瓦中波红外量子级联激光器及其电源/控制器组成。测试内容包括红外定向干扰的瞄准精度和抖动误差，远场激光能量和目标捕获时间（调转时间和稳定跟踪时间）必须进行系统性评估，红外定向干扰系统的波形也需要被验证。

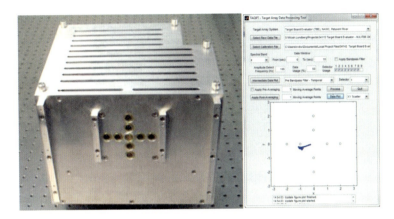

DIRCM 监测系统

莱昂纳多 DRS 公司总部位于美国弗吉尼亚州阿灵顿市，自 1969 年公司成立以来，DRS 公司致力于为美国和世界各地的美国军队提供独特的技术支持和保障。空战训练系统业务始于 1957 年，前身是美国 Metric 公司。2004 年，Metric 公司被 DRS 公司收购，到目前已经在空战训练系统领域有 60 多年的从业经验。

DRS 公司利用射频 / 红外 / 紫外线核心技术和经验来满足新出现的空战训练需求，DRS 公司结合先进的武器模拟能力，在实际作战前为飞行员提供一个逼真、高保真的模拟作战环境。DRS 公司的训练系统包括地面综合电子战模拟器、态势显示和汇报子系统、机载训练吊舱和航空电子设备，这些系统具备成熟、可靠、无地理约束的特点，可以覆盖一对一训练并扩展到全球任何地方的多机训练为世界多国空军、假想敌部队提供完全沉浸式空战环境，为空军提供了随时随地自主测试和训练的能力。DRS 公司在全球已经交付 5000 多套机载吊舱并投入使用，空中作战和训练架次的飞行时间已经超过 100 万小时。

光电对抗：矛与盾的生死较量

DRS 公司在现场训练保障

DRS 公司为军方研制可配置、可修改的先进高保真威胁模拟器，以满足不同的军兵种或机型对训练的需求。威胁模拟器分为多种类型，包括从手持低成本／低保真雷达警报接收器的辐射源到用于给五代机制造威胁的全有效辐射功率的辐射源，并且可以配置或修改以满足特定用户的训练要求。这个系统最初是为了模仿苏联的防空部队而开发的。它可以模拟几乎所有的雷达制导防空导弹、便携式防空导弹和防空炮的威胁。迄今为止，DRS 公司已经交付了 250 多套威胁系统。

联合可机动电子战训练场仿真模拟器

DRS 公司的核心产品，无人威胁发射系统，已在全球多地部署。无人威胁发射系统可以为飞行员模拟高保真电子威胁。系统可安装在拖车、"悍马"战车和卡车上，根据配置，可在 30 分钟内重新展开并

326

工作,模拟可机动的威胁,增强训练的真实性。

无人威胁发射系统

DRS 公司的联合便携式防空系统是一种便携式,高度集成化的轻型电子战训练系统,可提高直升机和固定翼飞机机组人员的低空威胁处理能力,使飞行员可以对抗当今较致命的便携式红外制导防空武器的低空攻击。该系统发射的紫外线威胁信号已经成功地模拟出防空导弹羽烟的紫外辐射特性,已经在多个露天场地完成了测试,为安装了 AN/AAR-47(如 A-10C、V-22 等)和 AN/AAR-57(如 AH-64 等)导弹来袭告警设备的直升机和固定翼飞机提供了模拟威胁训练,可以模拟 5 千米及以上的攻击。

联合便携式防空系统组成

计算机技术、网络技术、光电技术及其他相关技术领域的最新成就，促进了光电对抗仿真、测试、评估与训练技术的稳健发展，精度和置信度显著提高。同时，网络化仿真，虚拟现实技术，离散事件系统仿真，面向对象的仿真，建模与仿真的校核、验证与确认技术已成为研究热点。可以预见，随着云计算和大数据时代的到来，光电对抗仿真、测试、评估与训练技术将在整个电子对抗领域及未来战场中发挥更大地作用。

光电未来篇

未来发展之光电对抗

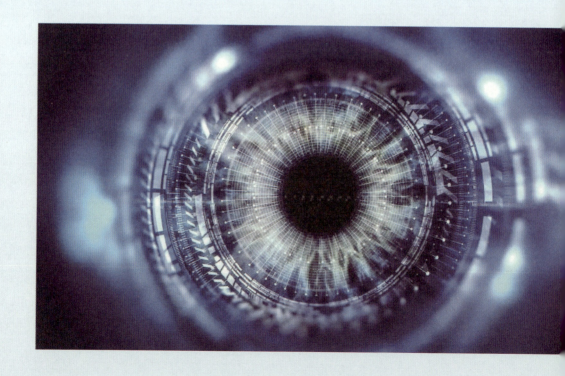

要么创新、要么死亡
——光电对抗的未来

光电对抗手段自产生之日起,便是一种创新,而且是一种置之死地、夹缝生存、不屈不挠、逆风飞扬的创新。作为一种与矛共舞、息息相关、此消彼长、迭代博弈的军事装备斗争手段,光电对抗的命运注定是永无休止的竞争。更何况,光电对抗与其竞争对手光电武器有着共同的亲缘——光电技术,这让光电对抗成为极为尴尬的"以己之矛、攻己之盾"之术。尤其随着超光谱、太赫兹、光学相控阵、量子光学、高能激光、大数据、云计算、人工智能、元宇宙等概念的出现,如何守正出奇、如何抢占制高点、如何弯道超车、如何降维打击,永远是未来战争与光电战场"变"与"不变"争论的话题。

在这不断争吵、永无休止的竞争中,新技术、新材料、新方法、新应用不断涌现,牵引着我们的眼球,也指引着光电对抗技术与装备未来的发展方向。

量子级联光电对抗微系统

量子级联光电对抗微系统是针对机载平台光电对抗装备小型化、一体化的应用背景开发的未来系统,该系统对其核心器件红外干扰源提出了更高的要求，干扰源的高效率、微型化是目前迫切需要解决的问题。量子级联激光器是一种理想的红外干扰光源，是一种以半导体低维结构材料为基础、基于半导体耦合量子阱子带间电子跃迁的单极性半导体激光器，具有级联特征的、光电性能可调控的新原理激光器，具有电光转换效率高、可选波长范围宽、体积小、重量轻、响应速度快、单色性好、可直接调制等优点。

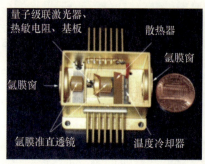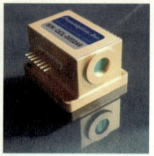

量子级联激光器

国外量子级联激光器已经实现最高5瓦左右的激光输出，能够满足机载光电对抗装备的应用需求。

1994年，美国贝尔实验室采用分子束外延技术发明了第一个单极型量子级联激光器，中远红外单极型量子级联激光器已能覆盖2.63~360微米的波长范围。2011年，美国西北大学报道了波长为4.6微米的法布里－珀罗量子级联激光器，电光效率27%，连续波输出功率最高为5.1瓦。2011年，日光方案公司开发的量子级联激光器通过环境试验，后续完成了基于量子级联激光器对抗系统在直升机平台的飞行试验，通过了美国陆军的可靠性检测，展示出了较高的水平。2008—2011年，日光方案公司交付了15种数瓦级、多波长输出的量子级联激光器机载产品样机。

目前，国外能够提供量子级联激光器货架产品的厂家包括美国Pranalytica公司、日光方案公司、Thorlabs公司、日本Hamamatsu Photonics公司，加拿大Rayscience公司，瑞士Alpes Lasers公司等。美国Pranalytica

公司能够提供宽光谱、波长可调谐、波长稳定等产品，中心波长 4.6 微米最大功率可达 4 瓦。

美国 Pranalytica 公司 2 瓦量子级联激光器微系统

量子级联激光器光电对抗微系统可用于机载光电对抗系统，能大大降低系统的体积、重量以及功耗，有利于实现系统与载机的一体化设计，并在未来弹载、车载等光电对抗装备方向具有较大的潜力。

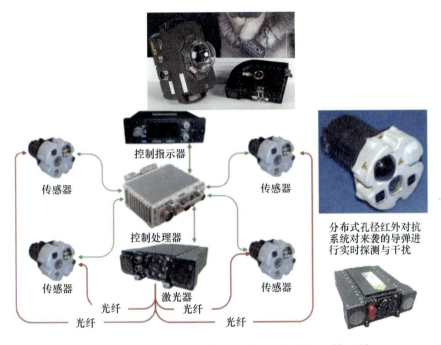

美军基于量子级联激光器的机载红外定向干扰系统

用于光电对抗的光学相控阵

在光电侦察、目标跟踪、激光干扰等光电对抗应用领域中,光束指向快速控制技术是一个关键共性技术。这些应用的一个明显特点是要求对运动目标的自动瞄准、捕获与跟踪。采用传统机械方式的光束控制器无法实现捷变的光束指向,而且结构很难小型化。光学相控阵技术是通过波束控制器控制对各阵元施加不同的电场,引起折射率或光程的变化,形成相位调制,从而实现光束指向的快速、精确控制,光学相控阵理论上能实现光束的毫秒级大范围快速指向。

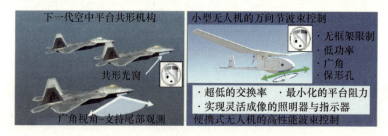

光学相控阵在无人机光束控制上的应用

光学相控阵技术目前多用于控制短波红外光并已经在自动驾驶汽车的导航相同中得到应用。现阶段光学相控阵系统采用较多的电光材料主要有:压电陶瓷 PLZT、GaAs/AlGaAs 波导、铌酸锂晶体(LiNbO3)、液晶。常见的光学材料不具备传输中波红外的能力,或与波导管不兼容。

液晶光学相控阵

美国海军研究实验室的研究人员设计了新的波导结构、在中波红外波段透明的液晶层，还设计了基于这些材料的新器件结构，以及在不损耗太多光的情况下对液晶层中的红外线进行校准的新方法。2018年11月，美国海军研究实验室的科学家展示了这种称为"可控电瞬变光学折射镜"的基于芯片的新型非机械固体中红外激光束快速控制技术，无须机械设备即可对输入的中波红外激光的输出方向进行二维控制。该技术成品包含厚度约为 1.2 微米的硫系玻璃无源波导芯、液晶层和带有图案电极的盖玻片，整个芯片长 48.5 毫米，宽 14.5 毫米，深 2.75 毫米。

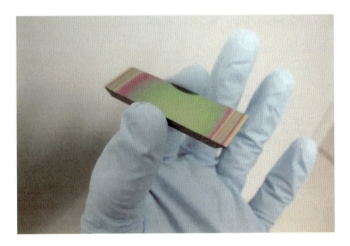

中波红外光学相控阵"可控电瞬变光学折射镜"

这款概念验证器件目前可以在 14°×0.6° 的二维范围内转向控制中红外激光束，用波长 4.6 微米的量子级联激光器的准直光在一端进入折射镜，施加到电极的电压重新定向液晶分子，从而以受控模式改变其折射率，不过只有约 3% 的入射光能够从折射镜的另一端射出。未来可以通过添加抗反射涂层和其他优化来减少内部散射，这能大大提高光透过率，高透过率中波红外光学相控阵一旦研制成功，未来机载红外对抗系统将发生革命性变化。

光频综合一体化微系统技术

21世纪被称为"光电子时代",集信息的感知、传输、处理、显示于一体的光电子技术将以光通信和计算机为中心广泛应用于光通信、光传感、视频监控等民用领域以及军事指挥通信、雷达侦测、预警、跟踪、制导、光电对抗等军事领域。而站在光电子最前沿、集当今微电子、微机械和微光子等尖端科技于一身的光频微系统,对未来信息产业和国家经济发展影响巨大,受到世界各国的高度重视,欧、美、日等团体和强国相继提出微系统发展计划,并列为战略发展重点。

近年来,美国国防高级研究计划局(DARPA)专门设立了光电集成微系统技术办公室来统一规划、协调发展美国的微系统技术。开展了一系列微系统相关技术研究项目,其发展路线如图所示。

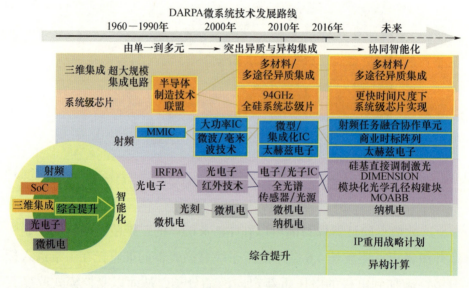

DARPA 微系统技术发展路线

美国微系统技术办公室相继设立了58个微系统技术项目,约占DARPA项目总数的1/5,为推动光电集成微系统技术的快速发展奠定了良好的技术基础,目前光电集成微系统的多项关键技术已渐入成熟期。其中，低成本热像仪项目开发了一种单兵配备的热像仪，通过晶圆级制造工艺，在芯片上实现相机功能，从而降低热像仪价格、提高设备便携性。晶片级红外探测器项目则研发工作在短波、中波和长波红外光谱波段的红外传感探测器，提高多谱段探测感知能力。动态可视化像素网络项目针对便携数字红外摄像机，在热和反射频带进行单频段和多频段实时成像，提升士兵态势感知能力，消除摄像机在微光、无光及杂乱环境中无法进行有效目标识别的缺陷。

DARPA 微系统领域研究项目——第三代夜视仪

光频综合一体化微系统面向新一代光电武器装备发展的需求，把不同类型、不同波段、不同用途的光电探测、跟踪、定位、通信和干扰等设备有机地结合起来，通过微机电、微光机电等方式，采用综合的、开放式的光路、信号处理、软件体系构架，进行灵活的资源调度和管理，实现光电探测、跟踪、定位、通信、干扰等多种光电对抗功能。

打造未来战机的光电智慧铠甲

各军事强国正积极打造未来战机，其具有更快的飞行速度，具备超声速巡航和超声速盘旋能力，具有全频全向隐身能力。通过更多的传感器融合，以获得更加及时、准确和全面的态势感知能力，更好的自主飞行控制能力，飞行控制系统拥有更高的智能化水平。新概念武器的实用化，超视距打击和高度信息化，使未来战机成为现代战争夺取制空权、制胜权的重要作战力量。

光电对抗：矛与盾的生死较量

未来战机的作战概念图

未来战机必须配备完备的自卫防护能力，才能在高危的作战环境中有效保障其生存力，进而充分发挥其应有的卓越战斗力。否则，无异于赤膊上阵，升空瞬间即可能被击毁。全面隐形（微波、红外）、导弹逼近告警、电子干扰、箔条或红外诱饵干扰等防护手段，是现代先进战斗机自卫防护能力的一般标准配备。但随着空战攻击武器技术的不断升级和换代，射程更远、分辨率更高、抗干扰算法更强的高性能地空导弹、空空导弹将要应用于未来空战，传统的机载防御手段也将面临挑战。打造一个多维度、多手段、多层次的自主高效的机载智能化综合防御系统，正在成为作战飞机防护能力一项急迫的发展需求。

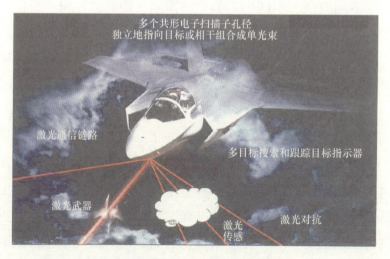

未来作战平台多层次光电智慧铠甲

基于自主控制和智能学习的机载自卫防御系统将为飞机平台和飞行员提供更佳的作战辅助，包括对威胁源的告警、识别和判断，干扰手段的高效释放，以及对抗效能评估等方面。威胁告警设备即为飞机的视听系统，用于发现来袭飞机和导弹信息，实时掌握作战态势，为作战飞机配备全方位的"千里眼""顺风耳"，全面掌控多维度电磁频谱态势，为后续对抗决策提供丰富信息支持；决策系统属于飞行的中枢大脑，智能自主决策系统完成对各类信息的智能学习、处理和判断，做出最佳对抗策略，实现最大对抗成功率；对抗手段相当于自卫系统的"拳脚"，通过协同组合方式来应对不同态势下的威胁，完成对来袭威胁的最后一击。未来机载光电自卫系统将是一个智慧组合，目前还处于智力和技能开发的初级阶段，但终将掌握各类技能和智慧，成为作战飞机的光电智慧铠甲。

具有机器学习功能的新型相机

2022年，美国诺斯罗普·格鲁曼公司与雷声公司正推进一项军事研究项目，以开发一种新型相机和数字信号处理技术，用于战术军用智能光电传感器中。

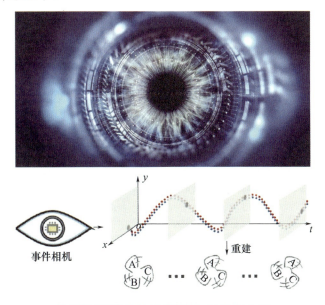

基于快速事件的神经形态相机和电子

DARPA 授予了总价值 2500 万美元的订单，用于基于快速事件的神经形态相机和电子计划的第二阶段研究。该项目寻求开发和演示一种低延迟、低功耗、基于事件的相机和一类新的数字信号处理和机器学习算法，这些算法利用组合的空间和时间信息来启动战术军用智能传感器。2021 年 6 月，诺斯罗普·格鲁曼公司获得了 1580 万美元的合同，雷声公司获得了该项目第一阶段的 880 万美元合同。

神经形态摄像机可以提供稀疏输出，仅响应场景变化，在稀疏场景中具有小画幅摄像机的低延迟和低功耗特点。基于事件的成像传感器异步操作，仅传输已更改像素的数据，因此它们在稀疏场景中产生的数据比传统焦平面阵列少 1%，这样功耗和延迟都能降低 100 倍。

基于快速事件的神经形态相机和电子计划项目旨在开发一种基于事件的、具有嵌入式处理的集成红外焦平面阵列来应对这些挑战。该项目的重点是开发能够实现极低延迟和低功耗操作的异步读出集成电路，以及具有像素内处理功能的新型、低延迟基于事件的红外传感器。该项目还将开发一个与异步读出集成电路集成的低功耗处理层，以识别相关的空间和时间信号。这些工作将在 2024 年 6 月之前完成。这些研究成果将使智能传感器能够应用于军事战术。

托马斯·彼得斯说："距离已经消失，要么创新，要么死亡。"这句名言对于光电对抗领域尤为贴切，光电对抗所面对的作战对象往往伴有紧随其后的杀伤武器，很多时候，不成功，便成仁，面对险地，唯有创新。

明代大家归有光有言："天下之事，因循则无一事可为之；奋然为之，亦未必难。"光电对抗的明天，也需要我们今日奋然为之。

参考文献

[1] 王大鹏,吴卓昆,王东风.红外对抗技术原理[M].北京:国防工业出版社,2021.

[2] 侯印鸣.综合电子战:现代战争的杀手锏[M].北京:国防工业出版社,1999.

[3] 熊群力.综合电子战[M].2版.北京:国防工业出版社,2008.

[4] 中国航天工业总公司(世界导弹大全)修订委员会.世界导弹大全[M].北京:军事科学出版社,1998.

[5] 范晋祥,郭云鹤.美国弹道导弹防御系统全域红外探测装备的发展、体系分析和能力预测[J].红外,2013,12(6):24-26.

[6] 刘克俭,等.美国未来作战系统[M].2009年增订版.北京:解放军出版社.2010.

[7] 浦甲伦,崔乃刚,郭继峰.天基红外预警卫星系统及其探测能力分析[J].现代防御技术,2008,22(8):12-16.

[8] 季晓光,李屺东.美国高空长航时无人机RQ-4"全球鹰"[M].北京:航空工业出版社,2011.

[9] 王小鹏.军用光电技术与系统概论[M].北京:国防工业出版社,2011.

[10] 吴卓昆,舒小芳,王大鹏,杨凯.外军直升机载定向红外对抗系统[J]电子对抗,2014,24(6):32-36.

[11] 徐大伟.定向红外干扰技术的发展分析[J].激光与红外工程,2008,(6):695-698.

[12] 刘敬民,王浩.国外定向红外系统概述[J].国际电子战,2005,(4):25-31.

[13] 吕跃广,孙晓泉.激光对抗原理与应用[M].北京:国防工业出版社,2015.

[14] 刘晶儒，杜太焦，王立君.高能红外激光系统试验与评估［M］.北京：国防工业出版社，2014.

[15] 庄琦.短波长化学激光［M］.北京：国防工业出版社，1997.

[16] 姜东升.高功率固体激光器关键技术［J］.红外与激光工程，2007，6（36）：72-80.

[17] 梅遂生.向100kW进军的固体激光器［J］.激光与光电子学进展，2005，10（42）：2-8.

[18] MCAULAY A D.军用激光防御技术［M］.叶锡生，陶蒙蒙，等译.北京：国防工业出版社，2013.

[19] 淦元柳，蒋冲，刘玉杰，赵非玉.国外机载红外诱饵技术的发展［J］.光电技术应用，2013，6（28）：13-17.

[20] 王永仲.现代军事光学技术［M］.北京：科学出版社，2003.

[21] 康大勇，高俊光，胡琥香.红外双色复合制导对抗技术［J］.光电技术应用，2009，5（24）：14-16.

[22] 王馨.面源红外诱饵技术特征及材料组分研究［J］.光电技术应用，2007，22（3）：13-17.

[23] 刘京郊.光电对抗技术与系统［M］.北京：中国科学技术出版社，2004.

[24] 时家明，路远.红外对抗原理［M］.北京：解放军出版社，2002.

[25] 蒙源愿.红外制导与对抗技术.［M］北京：总装炮兵防空兵装备技术研究所，2008.

[26] 闫宗广.电子对抗战术学［M］.北京：解放军出版社，1998.

[27] 杨宜和，岳敏.红外系统［M］.2版.北京：国防工业出版社，1994.

[28] 苏毅，万敏.高能红外激光系统［M］.北京：国防工业出版社，2006.